화가들의 정원

- **본문 1쪽 그림** 폴 고갱의 〈해바라기를 그리는 반 고흐Van Gogh Painting Sunflowers〉(1888년)
- **4, 5쪽 그림** 클로드 모네의 〈수련Water Lilies〉(1915년)
- **6쪽 그림** 프레데릭 차일드 하삼의 〈이스트햄프턴에 있는 하삼 부인의 정원Mrs Hassam's Garden at East Hampton〉(1934년)

화가들의 정원

명화를 탄생시킨 비밀의 공간

재키 베넷
지음

김다은
옮김

샘터

차례

정원을 빌린 캔버스의 역사, 그 아름다운 순간을 찾아서

모자를 푹 눌러 쓰고 이젤을 펼쳐 세워 한 손에는 붓, 다른 손에는 팔레트를 쥔 채 캔버스를 응시하는 화가. 풍경과 소리에 둘러싸여 정원의 형태와 아름다움을 포착해내는 일은 붓을 쥔 누구에게나 영감이 흘러넘치는 작업일 수밖에 없다.

시간의 흐름을 고스란히 담아내는 공간인 정원에서 화가는 무엇을 발견해낼까? 누군가는 정원의 모습을 있는 그대로 화폭에 담고, 누군가는 추상적으로 표현하기도 한다. 정물화의 소재와 달리 정원은 계절의 변화와 함께 다양한 색과 모양을 보여주는 훌륭한 소재다. 매번 새로운 시선과 느낌으로 수없이 많은 작품을 그려낼 수 있다. 지베르니Giverny에 있는 클로드 모네의 정원에서 그러했듯 하나의 정원에서 수백 점의 걸작이 탄생하기도 한다. 숨을 거두기까지 수십 년 동안 수경정원만을 그리고 또 그렸던 모

• 코네티컷 올드 라임의 정원에서 사과나무를 그리고 있는 미국 인상파 화가 프레더릭 차일드 하삼

•• 야외 작업을 고수하였던 클로드 모네가 아내 카미유와 아들 장을 그린 〈파라솔을 든 여인Woman with a Parasol〉(1875년)

네. 그는 정원이라는 동일한 모티프를 반복해서 그리며 화법을 다듬고 완성해나갔다. 수많은 화가가 자신의 정원에서 좋아하는 식물을 돌보길 원했다.

이 책에는 르누아르와 세잔, 살바도르 달리, 프리다 칼로를 비롯한 전 세계의 위대한 화가들이 직접 가꾼 정원 이야기가 담겨 있다. 이들의 손길이 닿은 화단과 텃밭, 올리브나무 숲, 포도밭을 살펴보면 작품을 감상하는 것 이상으로 화가의 삶과 예술 세계를 깊이 이해할 수 있다.

화가와 정원의 관계는 단순하지만은 않다. 19세기 후반 센강 인근에 머물며 작업했던 프랑스 인상파 화가 피에르 보나르와 귀스타브 카유보트, 클로드 모네는 예술만큼이나 식물을 사랑하였던 노련한 정원사들이었다. 피사로와 마네, 르누아르, 고갱, 모네 등 파리의 화가들은 열성적으로 서로의 정원을 화폭에 담아냈다. 필요에 따라 정원을 '빌려' 쓰는 화가도 있었다. 미국의 인상파 화가 프레더릭 차일드 하삼Frederick Childe Hassam은 코네티컷 올드 라임Old Lyme의 화가 마을과 메인 숄스 제도Isles of Shoals에 있는 실리아 덱스터Celia Thaxter의 정원에서 한가로이 여름을 보내곤 했다.

화가들은 신중하게 고민하고 설계하여 정원을 만들었다. 루벤스는 앤트워프Antwerp의 집과 정원을 바로크식으로 꾸몄고 독일의 인상파 화가 막스 리베르만은 베를린 근처 반제Wannsee 호수에 새집과 정원을 만들었다. 개발로 인해 사라질 위기에 처한 프랑스 남부의 오래된 올리브나무 숲을 구한 르누아르처럼 기존의 공간을 그대로 안고 가는 경우도 있었다. 꽃을 비롯한 여러 모티프가 언제나 준비된 정원은 자기만의 기법을 발전시킬 수 있는 연습실이기도 했다. 젊은 폴 세잔은 프랑스 남부 엑상프로방스Axi-en-Provence에 있는 아버지의 정원에서 그림을 그리며 화법을 갈고닦았다.

야외로 나간 화가들

야외 작업은 물감의 발전으로 비교적 최근에야 가능해졌다. 유럽의 옛 거장들은 꽃송이를 꺾어 실내로 가져와 꽃병에 꽂거나 모델의 손에 들려야만 꽃을 그릴 수 있었기 때문에 꽃을 생기 있고 자연스럽게 표현하기가 쉽지 않았다.

르네상스 시기 이탈리아의 화가들은 조수와 제자들이 캔버스를 짜고 물감을 만드는 일을 하며 대가의 가르침을 받는 보테가bottega 형태의 공동 작업실을 운영했다. 레오나르도 다 빈치도 피렌체의 보테가에서 초반 경력을 쌓았다. 대가의 반열에 오른 루벤스는 앤트워프의 집과 정원에서 성황리에 작업실을 운영하며 반 다이크Van Dyck를 비롯한 제자들을 양성했다. 스케치 정도는 야외에서도 가능했지만 캔버스나 목판에 물감을 칠하는 작업은 실내 작업실에서만 가능했다. 광물 안료를 손으로 갈아 오일과 혼합하여 물감을 만드는 과정은 지저분할뿐더러 꽤 위험한 일이었다. 물감과 바니시, 용제solvent, 물감에 섞어 쓰는 유리가루와 밀랍 등의 첨가 재료들이 가득했던 19세기 이전 작업실의 모습은 화학 실험실에 가까웠다.

1781년 윌리엄 리브스William Reeves가 휴대 가능하고 필요할 때마다 다시 풀어 쓸 수 있는 고체 물감cake을 개발했다. 먼저 수채화 물감을 야외에서 사용할 수 있게 되었다. 유화 물감도 구할 수는 있었지만, 막상 야외에서 사용하기는 쉽지 않았다. 풍경화가 J.M.W. 터너Turner는 유화 물감도 야외에서 사용 가능하다는 것을 증명하고자 트위크넘Twickenham 전원의 집 근처에서 친구 윌리엄 하벨William Havell과 함께 실험하며 많은 시간을 보냈다.

이후 미국의 초상화가 존 고프 랜드John Goffe Rand가 유화 물감을 보관할 수 있는 메탈 튜브를 발명하면서 한 단계 도약하는 계기가 되었다. 이 말랑말랑한 튜브는 터너

메리 커샛이 파리 외곽의 말리 르 로이Marly-le-Roi에서 언니 리디아 커샛을 그린 〈말리의 정원에서 코바늘 뜨개질을 하고 있는 리디아 Lydia Crocheting in the Garden at Marly〉(1880년). 미국 태생의 화가 메리 커샛은 미국에 인상주의를 전파하는 데 큰 역할을 했다.

에두아르 마네의 〈아르장퇴유의 클로드 모네Claude Monet in Argenteuil〉(1874년). 모네가 센강의 작은 배 위에서 그림을 그리고 있다.

가 사망한 1851년 이후 상용화되어 야외에서도 자유롭게 작업할 수 있게 되었다. 야외 작업을 의미하는 '앙 플랭 에르En Plein Air'는 인상주의 운동과 동의어처럼 쓰이기 시작했다. 물감의 발명으로 자연 풍경과 정원을 그리는 화가들은 야외에서도 다양한 시도를 할 수 있었고 많은 것들이 변화했다.

인상파 화가들은 대표적인 정원사이자 화가로서 두 위대한 예술 영역인 미술과 정원 가꾸기를 결합했다. 1874년 살롱전과 별도로 독자적으로 개최한 파리의 전시회에 모네의 고향 르아브르Le Havre의 풍경을 흐릿하게 묘사한 모네의 작품 〈인상, 해돋이Impression, Sunrise〉를 전시하자 한 비평가가 이 작품을 조롱하는 의미로 '인상주의'라 이름 붙였다. 그는 베르트 모리조Berthe Morisot와 세잔, 드가Degas까지 모두 통틀어 '인상파'라고 비꼬았다. 하지만 인상파 화가들과 언론에서 이 이름을 받아들였고 인상주의는 19세기와 20세기 초반 가장 큰 영향력을 지닌 예술운동이 되어 독일과 스페인, 대서양을 건너 미국에까지 퍼져나갔다. 인상파 화가들이 다 함께 공유한 것은 그림의 주제를 바라보는 새로운 관점과 야외 작업을 향한 열정이었다.

빈센트 반 고흐의 〈타라스콩으로 향하는 화가The Painter on the Road to Tarascon〉(1888년). 원본은 1945년 화재로 소실된 것으로 추정된다.

정원이 주는 영감

정원을 소유하기 위해서는 안정된 삶이 전제되어야 한다. 프랑스 북부 피카르디Picardie

반 고흐는 프로방스의 생폴 정신병원에서 정원을 주제로 많은 작품을 남겼다. 〈아이리스Irises〉(1889년)는 입원 첫 주에 그리기 시작한 작품이다.

에 환상적인 장미 정원을 만든 앙리 르 시다네르Henri Le Sidaner나 덴마크 북부의 바닷가 마을 스카겐Skagen에 있는 자신의 정원을 그린 작품으로 유명한 P.S. 크뢰이어Krøyer, 스페인 수도 마드리드Madrid의 정원에 열정을 쏟아부은 호아킨 소로야Joaquín Sorolla는 모두 화가로서 확고한 명성과 경제적 여유를 갖춘 상태였다. 이들을 비롯한 다수의 화가가 기술의 발전으로 많은 혜택을 보았고 비교적 여유롭게 정원을 꾸며두고 자신과 친구들의 정원을 작품에 담았다.

이런 여유가 모두에게 주어진 것은 아니었다. 해바라기와 양귀비, 아이리스로 걸작을 탄생시킨 위대한 화가 빈센트 반 고흐Vincent van Gogh는 자신의 정원을 갖지 못했다. 반 고흐는 고갱과의 논쟁 끝에 자신의 귀를 잘라버리고 아를Arles의 노란집Yellow House을 떠나 프로방스의 생폴드모솔Saint-Paul de Mausole 정신병원에 들어갔다. 1헥타르 남짓의 이 정원에는 원형 분수가 있었고, 기하학적으로 나 있는 길은 나무가 울창하게 우거진 공간으로 이어졌다. 반 고흐는 1889년 5월 입원 첫날부터 보라색 아이리스와 봄꽃을 피운 관목을 그리기 시작했다. 마음이 평온한 시간은 아주 잠깐씩 찾아왔지만 이곳에 머물렀던 한 해 동안 꾸준히 그림을 그려 150점이 넘는 작품을 완성했다. 별이 총총히 박힌 하늘과 풍부한 색채의 꽃, 세상에 없던 아름다운 작품들이 탄생했다. 파리 근교의 오베르쉬르우아즈Auvers-sur-Oise로 돌아온 반 고흐는 화가 샤를 프랑수아즈 도비니Charles-François Daubigny의 정원에서도 스스로 굉장히 심혈을 기울여 작업했다고 자평한 세 점의 걸작을 완성했다.

유명한 화가가 아니라 해도 정원은 누구나에게 영감이 되었다. 추상화가인 앙리 마티스Henri Matisse는 파리 교외의 이시레물리노Issy-les-Moulineaux에 정원을 만들어 꾸몄다. 마티스는 마음의 눈에 색채의 형태를 각인시키는 것이 바로 꽃이라고 했다. 다채로운 빛깔의 꽃들을 항상 가까이에서 보기 위해 작업실도 정원 안에 지었다. 그는 그림을 화단 옆에 세워두면 꽃의 선명한 색이 자신의 그림을 칙칙해 보이게 한다며 투덜거렸다고 한다. 정원의 색채에 반한 화가는 마티스뿐이 아니었다. 라울 뒤피Raoul Dufy와 폴 고갱을 비롯한 모더니스트 화가들은 여행 중 만난, 북아프리카나 남태평양 제도의 이국적인 정원에서 큰 영감을 받았다. 이들은 특정 공간을 묘사하기보다 정원의 자연에

윌러드 멧카프의 〈칼미아Kalmia〉(1905년). 동료 화가들과 함께 여름을 보낸 코네티컷에 있는 플로렌스 그리스올드의 보딩 하우스 뜰에 만개한 칼미아의 모습이 담겨 있다.

서 보편적이며 형이상학적인 측면을 찾고자 하였다.

화가이자 정원사

추상미술의 두 거장인 파울 클레Paul Klee와 바실리 칸딘스키Wassily Kandinsky도 열성적인 정원사였다. 클레의 정원은 스위스에 있었고 러시아 태생의 칸딘스키는 제1차 세계대전이 발발하기 전까지 파트너 가브리엘레 뮌터Gabriele Münter와 함께 독일 바이에른의 정원에 열정을 쏟았다. 이들은 정원을 만들고 가꾸는 과정에서 생겨나는 창조적인 에너지를 흡수했다. 식물에 심취한 파울 클레는 마치 땅에서부터 나무 곳곳으로 뻗어가는 수액처럼 몸 안에 창조성이 흐르는 듯하다고 말하기도 했다.

화가이자 정원가로서의 삶은 20세기 중반, 많은 화가가 선망하는 것이었다. 영국의 화가 세드릭 모리스Cedric Morris는 그런 특권을 누렸던 사람 중 하나였다. 뛰어난 화가이자 원예가로 이름을 날린 그는 특히 아이리스 재배로 유명했다. 동 앵글리아East Anglia를 기반으로 한 모리스의 삶은 미술과 정원을 사랑하는 새로운 세대의 흥미를 끌었다. 아이리스를 그린 모리스의 그림은 반 고흐와 모네의 작품에 필적할 만한 작품이었다. 1940년대 모리스는 그의 파트너였던 아서 레트헤인스Arthur Lett-Haines와 함께 벤턴 엔드Benton End의 집에서 미술 학교를 운영했다. 이 집은 '화가들의 집The Artists' House'으로 널리 알려졌다. 이곳 정원에는 화가들뿐만 아니라 비타 색빌웨스트Vita Sackville-West와 베스 채토Beth Chatto를 비롯한 20세기 유명 정원사들이 모여들었다. 식물 재배를 향한 모리스의 열정은 '벤턴' 이라는 이름을 단 수염 아이리스bearded iris 품종을 개발하는 데까지 이어져, 이름에 '벤턴'이 포함된 수염 아이리스를 작품으로 많이 남

• P.S. 크뢰이어의 〈정원의 두 여인Two Women in the Garden〉(1891년). 매해 여름 덴마크 북부 스카겐에 모여든 화가들은 자신의 정원이나 친구들의 정원을 자주 그렸다.

겼다. 모리스의 아이리스는 벤턴 엔드에서 사라진 지 오래되었지만 다시 재배할 수 있도록 대부분 보관되어 있다. 모리스는 다른 화가들과 마찬가지로 비슷한 생각을 함께 나눌 수 있는 사람들과 함께하기를 원했다. 19세기 후반부터 20세기 내내 유럽과 미국 곳곳에서 화가 마을이 생겨났다.

잉글랜드에서는 미술공예운동을 이끌어나간 윌리엄 모리스William Morris가 옥스퍼드셔의 켈름스콧 저택Kelmscott Manor에 가족과 친구들을 위한 안식처를 마련했다. 스코틀랜드의 글래스고 보이즈Glasgow Boys와 글래스고 걸즈Glasgow Girls는 커쿠브리Kirkcudbright에 있는 E.A. 호넬Hornel의 집에 모였다. 미국 동부의 인상파 화가들도 정원이 있는 여름 별장에 모여 함께 여름을 보냈다.

자연 속의 안식

세상의 풍파는 화가들에게도 거칠게 휘몰아쳤다. 정치적인 위기나 개인적인 고난을 겪을 때면 화가들은 정원으로 향했다. 정원은 바깥세상으로부터 보호받는 공간이자, 휴식과 성장 그리고 영감을 주는 공간이었다. 1930년대 후반 멕시코시티에서 살아간 프리다 칼로에게 정원은 더욱 소중했다. 푸른집The Blue House의 정원은 결코 평범하지 않았던 그녀의 삶과 예술에 지대한 영향을 끼쳤다. 추방당한 혁명가 레온 트로츠키Leon Trotsky에게도 푸른집의 정원은 피난처가 되었다. 에밀 놀데Emil Nolde도 덴마크와 독일의 국경 지대에 있는 작은 마을에서 생기 넘치는 꽃 정원을 가꾸며 혼란스러운 나치 시대를 버텼다. 잉글랜드의 평온한 마을 서식스 찰스턴의 정원은 블룸즈버리그룹 예술가들에게 또 다른 삶의 터전이었을 뿐만 아니라 제1차 세계대전의 징집을 피하는

데 큰 역할을 했다.

이 책에는 위대한 화가들이 직접 만들고 살아간 집과 작업실 그리고 정원을 찾아가는 여정이 담겨 있다. 책에 등장하는 장소는 지금도 여전히 남아 있으며 누구나 둘러볼 수 있다. 전반부에는 혼자 또는 가족들과 살아가며 독립적으로 작품 활동을 했던 화가들의 이야기에 초점을 두었고, 후반부는 다른 화가들과 가까이 모여 지내며 활발하게 교류했던 화가들의 이야기로 구성되었다. 화가들은 과일과 꽃, 채소를 기르는 소박하고 단순한 행위에서 영감을 얻었다. 정원이 작품 속에 담기고 예술이 정원 속으로 흘러들어가 하나가 되었다. 화가들의 정원을 들여다보면 현실을 변형하고 초월하는 힘을 지닌 위대한 작품들을 더 깊이 이해할 수 있을 뿐만 아니라, 화가들의 삶도 오롯이 느낄 수 있을 것이다.

화가들의 집과 작업실 그리고 정원

레오나르도 다 빈치

페테르 파울 루벤스

폴 세잔

피에르 오귀스트 르누아르

막스 리베르만

호아킨 소로야

앙리 르 시다네르

에밀 놀데

프리다 칼로

살바도르 달리

레오나르도 다 빈치 Leonardo da Vinci

앙부아즈Amboise, 프랑스

- 레오나르도 다 빈치가 50대 초에 그린 것으로 보이는 16세기 초기 자화상
- 이탈리아의 화가 레오나르도가 프랑수아 1세의 부름을 받아 말년을 보낸 프랑스 루아르 강변의 클로뤼세성

토리노Torino 왕립 도서관에 있는 〈붉은 분필로 그린 남자 초상화Portrait of a Man in Red Chalk〉(1510년경). 예순의 레오나르도 다 빈치가 그린 자화상으로 추정된다.

레오나르도 다 빈치(1452~1519년)

앙부아즈의 클로뤼세성Château du Clos Lucé은 레오나르도 다 빈치의 마지막 집이자 작업실이었다. 조국 이탈리아에서 잊힌 64세의 레오나르도는 프랑수아 1세의 초대로 이 성에 와 살게 된다. 그는 가장 아끼던 작품 세 점만을 들고 프랑스로 떠나와 식물화를 그리며 도감을 만드는 작업에 열중했다. 예술가들을 위한 작업실을 운영하며 여생을 보냈다. 레오나르도는 제자 중 하나에게 수수께끼가 가득한 〈모나리자〉를 남기고 죽었는데 프랑스 왕이 이 제자로부터 그림을 매입해 오늘날 파리 루브르박물관에 남게 된 것으로 보인다.

레오나르도가 죽은 지 500여 년이 지난 지금 예술과 건축, 해부학, 과학과 공학에 그의 천재성이 남긴 업적은 다 헤아릴 수도 없다. 21세기에 들어와 점점 더 많은 레오나르도의 글과 스케치, 아이디어, 독창적인 상상들이 실현 가능했다는 사실이 증명되었다.

면 훗날 우리가 알고 있는 '레오나르도 다 빈치'는 화가가 아닌 발명가나 군사 장비 설계자, 식물학자, 공학자, 지도 제작자, 조각가 또는 철학자로 기억될지도 모른다. 레오나르도의 예술적 재능은 눈부셨지만, 다작을 하는 화가가 아니었고 오늘날까지 남아 있는 작품은 손에 꼽는다. 어쩌면 〈최후의 만찬The Last Supper〉보다는 대학자적인 사상과 글들이 더 오래 남게 될지도 모른다.

남아 있는 작품 중에서 유독 우리의 관심을 끄는 작품이 있다. 〈모나리자〉는 레오나르도의 가장 유명한 작품일 뿐만 아니라 자연과 인체의 관계에 천착해온 그의 생각을 담고 있다. 그는 말년에 프랑스 루아르의 클로뤼세성으로 거처를 옮기고 식물을 연구하며 생의 마지막 시기를 보냈을 만큼 열성적인 식물학자였다.

초기 후원자들

레오나르도 다 빈치의 이름은 피렌체에서 멀지 않은 소도시 빈치에서 왔다. 그는 빈치의 안키아노Anchiano 마을에서 유명한 공증인이었던 피에로 다 빈치Piero da Vinci와 하인 카테리나Caterina 사이에서 태어났다. 다섯 살이 되던 해, 그의 어머니는 아들을 키울 수 없게 되자 다 빈치 가족에게 그를 맡겼다. 레오나르도는 조부모와 삼촌 손에 자라게 된다. 어린 레오나르도는 삼촌과 말을 타고 토스카나Tuscany의 전원 지대를 돌아보곤 했다. 이때 몬탈바노Montalbano의 언덕들을 오르내리며 자연을 알아갔고 인체를 이루는 하나하나가 자연과 맞닿아 있다는 생각을 품었다.

레오나르도는 피렌체에서 베로키오Verrocchio에게 그림을 배웠다. 이후의 삶은 순탄하지 않았다. 혐의를 벗긴 했지만, 24세에는 베로키오의 가족 몇 명과 함께 동성애 혐의로 기소되기도 했다.

30세에 대형 종교 작품을 의뢰받았고 1482년에는 밀라노의 공작 루도비코 스포르차Ludovico Sforza의 후원을 받았다. 공작에게 보낸 유명한 편지를 보면 '쉽게 이동할 수 있는 가벼운 다리를 설계하고… 해자의 물을 빼내고… 불화살을 쏠 수 있는 무기와 투석기를 고안하고… 대리석과 청동, 점토로 조각상을 만들 수 있다'고 단언한다. 근거 없는 자신감이 아니었다. 레오나르도는 기상천외할 만큼 창의적인 생각과 실제로 활용 가능한 숙련된 기술을 지니고 있었다.

1499년 프랑스의 침입으로 밀라노를 떠난 레오나르도는 악명 높은 정치가이자 교황군 사령관이었던 체사레 보르자Cesare Borgia의 밑에서 일하기도 했다. 1503년에는 피렌체 법무부 장관 피에로 소데리나Piero Soderina의 의뢰로 피렌체 시 의회가 있는 베키오 궁전Palazzo Vecchio의 두 벽화를 미켈란젤로와 하나씩 나누어 맡게 된다. 벽화는 피렌체의 이름난 승전에 대한 것이어서 레오나르도가 1440년의 앙기아리Anghiari 전투를, 반대편 벽에는 미켈란젤로가 카시나Cascina 전투를 그렸다.

미켈란젤로는 젊었고 모두가 그를 레오나르도보다 더 유능하다고 평가했기에 두 화가 사이의 경쟁과 질투를 둘러싼 소문이 돌았다. 하지만 둘 중 누구도 작품을 완성하지 못했다. 미켈란젤로는 로마 시스티나 성당Sistine Chapel 작업에 불려갔고 레오나르도는 물감에 실험적으로 섞어 사용한 회반죽이 빠른 건조를 위해 놓아둔 화로 열에 녹아내리면서 실패하고 말았다.

그럼에도 불구하고 1500년에서 1505년까지는 레오나르도가 가장 많은 작품을 남긴 시기로, 이때 〈모나리자〉 또는 〈라 조콘다La Gioconda〉로 알려진 피렌체 시 관리인의

레오나르도의 포도밭 되살리기

1498년 레오나르도의 후원자 밀라노 공작은 산타 마리아 델레 그라치에 성당에서 논란의 걸작 〈최후의 만찬〉을 작업하던 레오나르도에게 근처의 작은 포도밭을 선물했다. 레오나르도는 매일 아침저녁으로 작업장을 오가는 길에 포도밭을 지나며 열여섯 줄의 포도덩굴을 살펴보곤 했다. 이듬해 밀라노 공작이 프랑스 포로로 잡혔을 때 우여곡절 끝에 레오나르도가 소유권을 돌려받아 이 포도밭을 평생 소유했다.

가로 60미터 세로 175미터인 이 직사각형의 포도밭은 500여 년간 개발을 피해 기적적으로 살아남았다. 현재는 원래의 품종을 복원하여 재배하고 있다. 이러한 노력은 다양한 포도 품종, 특히 DNA 검사 결과 15세기 후반 이 포도밭에서 재배되었던 것으로 확인된 말바시아 아로마티카Malvasia aromatica 품종을 보존하기 위한 것이다. 2015년 포도밭과 정원, 이웃한 집과 과수원이 공개되었으며 레오나르도의 포도밭에서 나온 포도를 전통적인 방식으로 만드는 와인도 다시 생산된다.

레오나르도는 숨을 거두는 순간에도 이탈리아 땅에 있는 자신의 작은 포도밭을 잊지 않고 두 조수에게 나누어 남겨주었다. 둘 중 한 명은 레오나르도가 프랑스 루아르 강변으로 떠나기 전까지 밀라노와 로마에서 25년을 함께한 오랜 제자, 살라이Salaì라 불렸던 지안 자코모 카프로티 다 오레노Gian Giacomo Caprotti da Oreno였다.

•

••

• 밀라노에 있는 레오나르도의 포도밭
•• 말바시아 아로마티카 포도

아내를 그린 초상화를 완성했다.

레오나르도는 이 그림을 단 한 번도 팔지 않고 평생 간직했다.

피렌체 시 관리인의 아내 리사 게라르디니Lisa Gherardini를 그린 〈모나리자〉 또는 〈라 조콘다〉(1503~1505년)

왕실의 초대

10년이 흐르고 조국 이탈리아에서 레오나르도의 인기는 시들어갔다. 더는 군사 장비 설계자로 현장에서 일할 수 없었고 화가로서도 라파엘과 미켈란젤로에게 뒤처졌다. 후원과 작업 의뢰도 줄어들었다. 반면 프랑스에서는 르네상스 화가들이 이제 막 주목받기 시작했고, 특히 왕실과 귀족 가문에서 큰 인기를 끌었다. 레오나르도와 1515년에 처음 만난 것으로 보이는 프랑스의 젊은 왕 프랑수아 1세는 이듬해 연간 금화 1,000에쿠스écus의 연금을 지급하는 조건으로 레오나르도를 궁정 화가 겸 공학자로 임명하고 프랑스에 살도록 초대했다. 레오나르도로서는 거절할 이유가 전혀 없었다.

1516년 8월, 64세의 레오나르도는 노새를 타고 알프스산맥을 가로질러 프랑스로 향했다. 요리사 바스티나 빌라너스Bastina Vilanus와 오랜 제자 프란체스코 멜지Francesco

Melzi도 동행했다. 프랑수아 1세는 멜지에게도 300에쿠스의 연금을 약속했다. 레오나르도는 아끼던 스케치와 노트들과 함께 작품 세 점을 챙겨 떠났는데, 〈성 안나와 함께 있는 성 모자상The Virgin and Child with Saint Anne〉, 미완성이었던 마지막 걸작 〈세례 요한Saint John the Baptist〉, 그리고 늘 곁에 두었던 〈모나리자〉였다.

왕은 루아르강 건너편 앙부아즈에 있는 자신의 성이 보이는 곳에 레오나르도의 거처를 마련했다. 벽돌과 석재로 지어진 이 고풍스러운 15세기 성은 왕의 어머니가 소유했던 곳이었다. 왕좌에 오른 지 얼마 되지 않았던 젊은 왕은 레오나르도를 어머니의 성에 머물게 하며 그의 지혜와 연륜에서 가르침을 얻고자 했다. 프랑수아 1세의 아버지 샤를 앙굴렘Angoulême 백작은 그가 겨우 두 살이었을 때 세상을 떠났고, 아버지 없이 22세에 왕이 된 그는 레오나르도를 가까이 두고 싶어 했다.

1516년 10월 성에 도착한 레오나르도는 그곳의 이름부터 지었다. 성은 '빛을 둘러싸다'는 뜻의 '클로뤼세Clos Lucé'라는 새로운 이름을 얻었다. 그러고는 강 건너 왕이 살고 있는 호화로운 성을 그렸다. 이탈리아에서 진행했던 보테가 형태의 작업실(11쪽 참조)을 운영하며 아래층 방들을 조수와 제자들의 공간으로 만들었다. 회화와 조소, 무대 디자인, 철 세공과 금은 세공까지 분야를 국한하지 않고 다양한 시도를 장려했다. 제자들은 모든 재료를 이용할 수 있었고 자연을 바로 그려낼 수 있는 정원도 있었다.

당시 클로뤼세성 정원의 모습은 알 수 없지만 텃밭정원, 정형정원formal gardens, 목초지, 물고기가 있는 연못, 벌집과 비둘기 탑이 있었고 밀라노에서처럼 포도밭도 가꾸었던 것으로 보인다. 지금도 남아 있는 비둘기 탑pigeonnier에는 홰가 1,000개 정도 있는데 각각의 비둘기가 먹이를 구하기 위해 1헥타르의 땅이 필요하다는 점에서 성의 규모가 굉장히 컸다는 것을 알 수 있다. 비둘기는 식재료였을 뿐 아니라 알과 깃털도 유용했고 배설물은 좋은 거름이 되었다.

• 클로뤼세성 1층에 있는 레오나르도의 넓은 침실
•• 레오나르도가 성에 마련한 조수와 제자들의 아래층 작업실

레오나르도가 정원에 남긴 것

1855년 클로뤼세성을 소유하게 된 생 브리Saint Bris가家는 버즘나무와 참나무, 물푸레나무, 세쿼이아와 침엽수류를 심어 정원을 한층 더 울창하게 가꾸었다. 성과 정원이 대중에게 공개된 것은 100년 후인 1954년이었다. 현재 성의 공동 소유주인 프랑수아 생 브리는 20세기 후반에서 21세기 초반에 걸쳐 레오나르도의 신념과 자취를 되살리기 위한 정원 재건을 감독했다. 19세기에 심은 나무들을 지속적으로 보존하면서 테라스 정원과 텃밭 정원, 수경정원 공사가 진행되었다.

테라스 정원에는 역사 기념물 건축가이자 정원사인 베르나르 비트리Bernard Vitry가 분수와 기하학적 형상들로 이루어진 르네상스풍 자수 화단 파테르parterre를 만들었다. 각각의 화단은 회양목과 주목으로 테두리를 두르고 붉은 모나리자 장미Rosa Mona Lisa로 채웠다. 쉽게 병들지 않고 늦여름부터 가을까지 계속해서 꽃을 피우는 이 장미는 2000년에 개량하여 클로뤼세성에서 시범용으로 재배된 후 전 세계로 판매되었다.

수경정원은 오래전 레오나르도가 구상했던 정원을 생생하게 되살려낸 것이었다. 2008년 수경정원 공사를 맡은 정원사 올리비에 반 데어 빈크트Olivier van der Vynckt는, 거의 실현되지 못한 레오나르도의 건축 및 공학 설계도 120여 개 중 일부에서 착안해 정원을 설계했다. 그중 하나는 레오나르도가 15세기 후반에서 16세기 초반 유럽을 휩쓸었던 전염병에 대한 대응책을 고민하며 떠올린 2층 구조의 다리였다. 그는 동물과 수레는 아래층을 이용하고 그 밑으로 하수관이 지나며 사람은 위층을 이용하도록 구분하면 불결한 도시의 위생 상태를 개선할 수 있을 것이라 생각했다. 이 목재 다리는 레오나르도의 다리 설계 중 처음으로 지어진 것이었다. 전망도 좋아 다리에서 바라보면 물에 소용돌이가 이는 모습을 잘 볼 수 있다.

"공기가 강처럼 흐르며 구름을 품고 움직이네."
- 레오나르도 다 빈치

클로뤼세성을 살펴보면 레오나르도의 철학을 발견할 수 있다. 화학 물질은 전혀 쓰지 않았으며, 인위적으로 환경을 바꾸는 것이 아니라 자연이 우리에게 준 것을 잘 활용해야 한다는 태도가 잘 반영되어 있다. 인간의 편리함을 위해서가 아니라 자연으로부터 배우기 위해 자연을 탐구해야 한다고 믿었던 레오나르도의 신념과도 맞닿아 있다.

정원 일부분이 습지여서 지금도 루아르 강의 지류인 아마스

- • 2008년에 만들어진 클로뤼세성의 수경정원과 레오나르도의 설계도 그대로 제작한 2층 구조 다리
- •• (왼쪽 위부터 시계방향) 레오나르도의 금각교를 축소 제작한 다리; 수경정원에서 자라는 프르제왈스키 곰취Ligularia przewalskii; 모나리자 장미; 아래쪽 수경정원; 르네상스풍 파테르; 1,000개의 홰가 있는 비둘기 탑; 성 내에 있는 고대 방앗간

Amasse 강에서 강물이 범람하곤 한다. 레오나르도가 1502년 설계한 금각교를 이 습지대의 고도가 가장 낮은 곳에 축소된 규모로 설치했다. 독창적인 설계 중 하나였던 금각교는 당시 술탄을 위해 수도 이스탄불을 가로지르는 보스포루스 해협의 금각만을 잇는 다리로 설계되었다. 두 개의 아치를 연결해 옆에서 불어오는 강한 바람을 이겨내고 돛을 활짝 펼친 배가 지나갈 수 있을 만큼 높게 설계된 다리였다. 건축학적으로 매우 뛰어났지만, 그의 실현되지 못한 수많은 아이디어들과 마찬가지로 실제로 구현되지는 못했다. 2016년이 되어서야 노르웨이 예술가 바비에른 산Vebjørn Sand과 30명의 목수, 전문가들이 클로뤼세성에 모여 폭 10미터에 길이 360미터인 원래 규모를 10분의 1로 축소한 목재 다리를 만들어내 레오나르도의 설계가 실현 가능하며 완벽히 기능한다는 사실이 증명되었다.

독학으로 배운 식물학

이탈리아에서 들고 온 스케치 노트에 가득한 식물 세밀화에서도 알 수 있듯 레오나르도는 식물학에 해박했다. 그는 클로뤼세성에 머무는 동안 식물도감을 완성하고자 했고 도감에 넣을 40점의 야생 식물화도 남겼지만 이 또한 실현되지 못했다. 계획이 성공했다면 서유럽 최고의 식물도감이 되었을 것이다. 오리나무alder, 불두화나무guelder rose, 칼라arum lily, 노랑꽃창포yellow flag irise, 제비꽃, 레펜둠 시클라멘Cyclamen repandum, 마돈나 백합Madonna lily과 여러 양치식물 등 그가 남긴 식물화 대부분은 정원의 습지에서 자라던 나무와 관목들이었다.

마돈나 백합은 피렌체 우피치미술관Uffizi gallery에 소장된 〈수태고지Annunciation〉(1472~1475년)에서도 찾아볼 수 있다. 〈두 암굴의 성모The Virgin of the Rocks〉 중 1480년경에 먼저 그려진 루브르 소장판에도 아기의 손이 놓인 곳에 있는 바이올렛 뿔팬지the tufted pansy를 비롯해 매발톱꽃aquilegias과 노랑꽃창포 등 식물들이 눈에 띈다. 그림 속 식물들은 모두 식물학적으로 정확하게 그려졌고 스케치 노트에 있는 밑그림을 옮겨 그린 것으로 보인다.

〈모나리자〉 이야기

클로뤼세성에 방문해 레오나르도를 만났던 아라곤Aragon 추기경의 비서 돈 안토니오 데 베아티스Don Antonio de Beatis는 당시 레오나르도가 세 작품을 갖고 있었고 그중 하나

베로키오와 함께 작업한 〈수태고지〉(1472~1475년경). 천사가 들고 있는 마돈나 백합과 화단에서 레오나르도의 해박한 식물학 지식을 엿볼 수 있다.

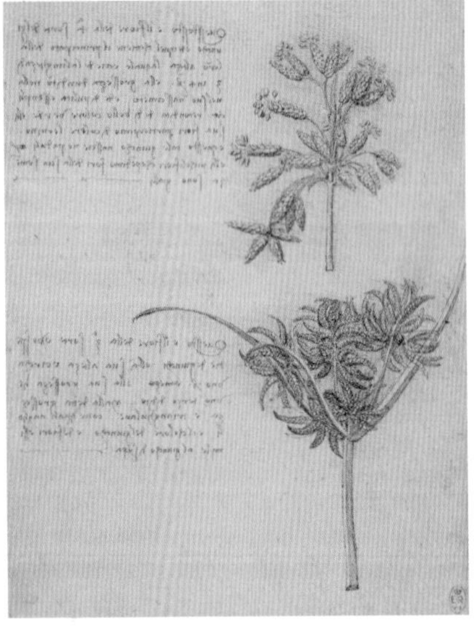

가 〈모나리자〉였다고 기록했다. 2016년 진행된 연구에 따르면 레오나르도는 성에 머물며 세 작품 중 하나였던 〈성 안나와 함께 있는 성 모자상〉의 여러 스케치를 작업하고 작품을 수정하기도 했다. 당시 레오나르도는 작품들을 마무리할 생각이 없었던 것으로 보이며 어쩌면 생의 마지막 시기에 〈모나리자〉를 수정할 계획이었을지도 모른다.

이 걸작 속 여인이 부유한 피렌체시 관리인이었던 프란체스코 델 조콘도Francesco del Giocondo의 아내 리사 게라르디니였다고 알려졌지만 실제로 이 인물이 누구인지, 또는 진정 무엇을 의미했는지는 알 길이 없다. 여인이 입고 있는 겉옷은 임신한 여성들이 많이 입었던 '구아넬로guarnello'로 레오나르도가 겨우 다섯 살부터 어머니와 떨어져 성장했다는 점에서 이 초상화에 안타까운 시선을 보내는 이들도 있다.

• 클로뤼세에서 지내는 동안 식물도감으로 엮어내고자 그렸던 식물화 베들레헴의 별Star-of-Bethlehem과 우드 아네모네wood anemone

•• 명칭을 밝히지는 않았지만 아주 세밀하게 그린 두 종류의 골풀rush 또는 사초sedge

장 오귀스트 도미니크 앵그르 Jean-Auguste-Dominique Ingres의 〈레오나르도 다 빈치의 임종을 바라보는 프랑수아 1세 Francis I Receives the Last Breath of Leonardo da Vinci〉(1818년)에서 레오나르도와 프랑수아 1세가 얼마나 가까운 관계였는지 알 수 있다. 클로뤼세성의 침실에 이 작품의 사본이 걸려 있다.

자연을 그리다

레오나르도는 자연이 인체의 움직임을 반영한다고 보았는데, 이를 나타내는 상징들을 〈모나리자〉 속에 숨겨두었다. 풀과 나무에 흐르는 수액은 혈관을 흐르는 혈액, 침식되어가는 바위와 땅은 쇠약해지는 신체를, 흘러가는 강물은 시간의 흐름을 느끼게 한다. 레오나르도는 어린 시절 토스카나의 나무들을 보며 자연과 인체의 관계성을 고민하고 확인했다.

성에서 숨을 거두기 열흘 전 레오나르도가 조수 프란체스코 멜지에게 〈모나리자〉를 남겨준 것으로 보아 두 사람이 매우 가까운 사이였음을 알 수 있다. 이후 프랑수아

1세가 멜지로부터 〈모나리자〉를 구입하면서 이 작품은 500여 년간 프랑스에 머무르게 되었다. 1911년 프랑스 루브르박물관에서 도난당했으나 피렌체에 있는 골동품 가게 주인의 신고로 되찾았다. 〈모나리자〉는 원래의 자리로 돌아왔으며 매해 수백만 명의 사람이 그녀를 보기 위해 루브르박물관으로 향한다.

다시 클로뤼세성으로 돌아와 침실을 살펴보면 죽어가는 레오나르도 다 빈치의 곁을 지키는 안타까운 표정의 프랑수아 1세를 그린 작품이 걸려 있다. 1519년 5월 2일 레오나르도의 임종 당시 왕은 앙부아즈를 떠나 있었기 때문에 이 장면 자체는 사실이 아니지만, 작품에 담긴 분위기는 아주 사실적이다. 레오나르도는 말년의 작품 활동에 영감이 되어준 정원과 가까운 강 건너 앙부아즈의 왕실 예배당에 묻혔다.

레오나르도 연대기

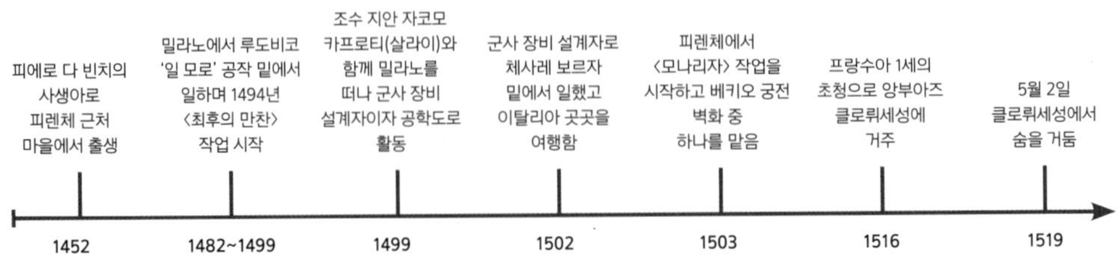

• 정원에 걸려 있는 〈모나리자〉 스크린 프린트. 레오나르도는 가장 유명한 작품으로 남은 이 작품을 늘 곁에 두었다.

페테르 파울 루벤스Peter Paul Rubens

앤트워프Antwerp, 벨기에

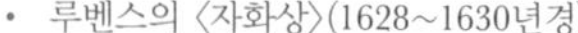

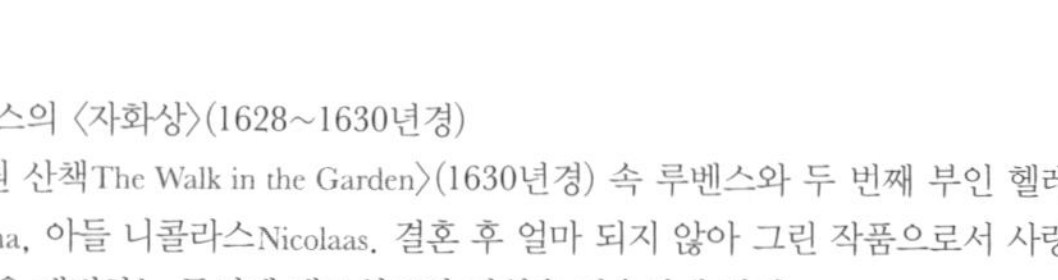

• 루벤스의 〈자화상〉(1628~1630년경)

•• 〈정원 산책The Walk in the Garden〉(1630년경) 속 루벤스와 두 번째 부인 헬레나Helena, 아들 니콜라스Nicolaas. 결혼 후 얼마 되지 않아 그린 작품으로서 사랑의 정원을 대변하는 동시에 앤트워프의 정원을 떠올리게 한다.

아내 이사벨라 브란트와의 자화상 〈인동덩굴 그늘The Honeysuckle Bower〉(1609년경)

페테르 파울 루벤스(1577~1640년)

독일에서 태어난 페테르 파울 루벤스는 아버지가 돌아가신 후 어머니와 다섯 명의 형제자매와 함께 앤트워프로 오게 된다. 1609년 이사벨라 브란트와 결혼하고 이듬해 집을 사고 증축하여 '루벤스의 집'을 만든다.

루벤스는 라파엘과 미켈란젤로와 마찬가지로 조수들을 고용하여 집 안의 대형 작업실에서 밀려드는 작업을 진행했다. 루벤스가 유화 스케치로 밑그림을 그리면 조수들이 확대하여 작품을 그렸다. 마지막에는 그가 손을 보았다. 루벤스는 화가뿐 아니라 조각가와 판화가, 인쇄업자를 고용하여 도움을 받거나 공동 작업을 통해 새로운 기술을 접했다.

앤트워프의 집은 루벤스가 예술품과 진귀한 물건들을 모아두는 박물관이었다. 정원은 많은 방문객이 즐겨 찾는 사교적인 장소로 중요한 역할을 했다.

셸드강 주변 도심을 묘사한 얀 빌던스Jan Wildens의
〈앤트워프 풍경View of Antwerp〉(1656년)

페테르 파울 루벤스는 당대 모두가 인정하는 거장이었다. 6개 국어를 구사하며 종교 화가이자 궁정 화가로서 외교계에서 활동했으며 건축부터 정원 설계, 인쇄업에 이르기까지 다양한 분야에서 활약했다. 23세에 명망 있는 앤트워프 성 누가 길드Antwerp Guild of Saint Luke의 소속 화가가 되었고 이탈리아로 떠나 만투아와 제노바, 로마에서 8년을 보냈다.

루벤스의 작품 세계는 르네상스 시대 미술과 음악의 중심지였던 플랑드르 전통과 이탈리아 예술 위에 세워졌다. 앤트워프는 루벤스가 있었기에 유럽 저지대 국가 가운데 바로크 미술의 중심지로 성장할 수 있었다. 그는 작품에서 꽃과 나무를 많이 다루지는 않았지만, 관련 지식을 넓히기 위해 많은 자료를 열성적으로 탐독했던 아마추어 식물학자이자 정원 설계자였다.

유년 시절과 청년기

개신교 변호사이자 치안 판사였던 그의 아버지는 종교적 박해로 앤트워프를 떠나야 했다. 설상가상으로 불륜 혐의까지 쓰고 독일 지겐으로 추방되었다. 루벤스는 1577년 지겐에서 출생했다. 아버지가 죽은 후 열 살이 되던 해, 루벤스는 앤트워프로 돌아와 라틴어 학교에서 인본주의와 여러 언어를 배웠다. 그의 가정환경을 고려했을 때 그가 택한 진로는 꽤 의외였다. 뛰어난 예술적 잠재력을 지니고 있었던 그는 열네 살에 집을 떠나 풍경화가 토비아스 베르하흐Tobias Verhaecht 밑에서 그림을 배웠다. 이후에는 그를 앤트워프 예술계에 데뷔시키고 이탈리아 유학을 제안한 오토 반 벤Otto van Veen의 도제로 일했다.

이탈리아 유학에서 돌아온 이듬해인 1609년, 루벤스는 브뤼셀에서 네덜란드 남부를 다스리던 스페인 왕실의 궁정 화가로 임명되었다. 다른 궁정 화가들과 달리 독자적인 지위를 보장받았으며 자신의 고향 앤트워프에서 일하는 것이 허락되었다. 17세기 초반의 앤트워프에는 낮은 집들이 빽빽하게 모여 있었고 뾰족한 고딕 성당들이 눈에 띄었다. 1610년 루벤스는 집을 짓기로 마음먹고 도심 가장자리의 넓은 부지를 골랐다. '루벤스의 집'은 앤트워프 대성당에 버금가는 귀중한 자산이 되었다.

"나의 고향 플랑드르에 남을지
로마로 영영 떠날지
아직 마음을 정하지 못했다."
- 페테르 파울 루벤스(1609년)

• 파빌리온과 루벤스 사후 만들어진 정원의 모습을 볼 수 있는 야코뷔스 하레베인의 1692년 작 판화 〈앤트워프에 있는 루벤스의 집The Rubenshuis in Antwerp〉

•• 루벤스의 집이 묘사된 가장 첫 작품으로 대형 포르티코와 안쪽의 정원이 묘사된 하레베인의 1684년 작 판화

건축가 루벤스

1609년 결혼한 루벤스와 아내 이사벨라 브란트Isabella Brant는 꽤 저렴한 금액인 8,960 길더guilders에 루벤스가 '직접 그린 그림 한 점'을 조건으로 와퍼Wapper가街에 있는 땅을 매입하였다. 루벤스의 작품은 당시에도 큰 가치가 있었다. 그 땅에는 루벤스가 증축하고자 한 오래된 플랑드르풍 집이 한 채 있었는데 직접 집을 짓고 꾸미기 위해 그는 건축을 독학했다. 실제로 완공한 건물은 '루벤스의 집Rubenshuis'이 유일하지만, 1622년 제노바의 궁전들에 관한 글을 출판할 정도로 건축학에 통달했다.

루벤스는 이후 7년 동안 공사를 진행하여 대형 포르티코portico와 수집한 조각품들을 전시할 반원형 화랑, 대형 회화 작업실, 식물학부터 철학까지 분야를 막론하고 방대한 양의 책을 소장한 도서실을 증축했다. 루벤스의 집은 당시 유럽 저지대 국가에서 흔히 볼 수 없는 스타일이었다. 그는 이탈리아 북부에서 르네상스 화가 라파엘Raphael이 묘사하였던 팔라체토palazzetto를 본 적이 있는데, 강당처럼 쓰이는 이곳을 자신의 집에 지었다. 특히 외관에 로마 건축 양식을 많이 반영했다.

루벤스의 집은 아내와 아이들을 위한 집인 동시에 예술가와 후원자, 도시를 오가는 예술품 수집가들이 모이는 교류의 장으로 꾸며졌다. 몇몇 17세기 작품들이 루벤스의 집과 정원을 복원하는 과정에 활용되었다. 루벤스 사후에 야코뷔스 하레베인Jacobus Harrewijn이 1684년과 1692년에 작업한 판화 두 점을 보면 증축된 작업실과 화랑, 대형 포르티코 등 루벤스의 손길이 닿은 건물이 돋보인다. 그늘진 왼편에는 원래 있던 옛 플랑드르풍 집이 보인다. 루벤스의 집에는 환상의 시대였던 당대 분위기 속에서 건축 요소를 활용해 예술적 효과를 연출했던 르네상스 화가 파올로 베로네세Paolo Veronese의 영향이 드러난다. 창문과 기둥은 외벽에 그려진 그림으로 정밀하게 묘사하여 실재하는 것처럼 보이게 만드는 트롱프뢰유trompe l'oeil였던 것으로 보인다.

루벤스가 꾸민 정원의 모습

루벤스가 집을 짓기 시작할 즈음 장식을 중요시하는 바로크식 정원 스타일이 유행하기 시작했다. 17세기 중후반에 이르자 바로크식 정원을 그린 그림 자체가 하나의 장르로 자리 잡았다. 하레베인의 판화들은 입구에서 시작해 포르티코를 통해 보이는 안쪽 뜰을 지나 정원 파빌리온으로 이어져 시선을 자연스럽게 정원으로 이끈다. 최근 17세기 후반 작품이 알려지면서 일부 색상과 세부 요소가 더 밝혀졌다. 열린 평야가 바라보이던 정원의 넓은 시야처럼 그림 속 풍경도 끝없이 펼쳐진 듯한 느낌을 준다.

루벤스의 집에서 그대로 남아 있는 부분은 포르티코와 정원의 파빌리온뿐이다. 원래 있던 플랑드르풍 집과 새로 지은 작업실 건물을 잇는 포르티코는 로마의 개선문과 공원 입구들을 본떠 만들었다. 가운데 통로는 미켈란젤로가 작업한 성문 포르타 피아Porta Pia를 그대로 재현해 완만하지 않은 아치로 만들었다. 아치 위에는 로마 신화 속 상업의 신 머큐리와 예술과 지혜의 여신 미네르바를 세워두었다. 루벤스의 성공한 제자 안토니 반 다이크가 루벤스의 아내 이사벨라를 그린 1621년 작품에도 등장하는 포르티코는 미네르바의 '예술과 지혜'가 정원의 '자연'과 파빌리온에 서 있는 헤르쿨레스의 '미덕'으로 이어진다는 것을 보여준다.

아치는 문화와 자연의 경계를 나누고 있는데 이는 루벤스가 어린 시절부터 배웠으며 평생 따랐던 인본주의의 주요 교리였다. 이처럼 정교한 디자인에 뛰어났던 루벤스는 1635년 앤트워프의 새 섭정 페르디난트를 등장을 알리기 위한 행사 연출을 의뢰받

• 루벤스가 젊은 시절을 보낸 로마에서 보았던 개선문을 기반으로 만든 '루벤스의 집' 포르티코

•• 루벤스가 앤트워프의 예술가들을 맞이했던 정원 파빌리온 중앙에 자리한 헤르쿨레스 상

아 거리 곳곳에 아치와 파사드, 입간판 등을 작업하기도 했다.

하레베인의 작품 속 정원의 모습에는 다소 오해의 소지가 있다. 집의 다음 주인이었던 카논 헨드릭 힐레베르베Canon Hendrik Hillewerve는 루벤스의 원래 정원을 보존하기보다 하레베인의 작품에서 보이는 화려한 프랑스풍 정원을 원했다. 루벤스의 로마 바로크식 정원은 탁 트인 전망과 조각상들, 트롱프뢰유와 클래식한 요소들로 꾸며졌고 서쪽 구석이 돌고래 떼로 장식된 분수와 작은 인공 동굴이 있었다는 사실도 연구 결과 밝혀졌다. 동굴의 존재는 하레베인의 1684년 작품에서 확인되는데 집과 정원에서 루벤스의 손길이 닿은 모든 부분을 작품에 담아달라는 힐레베르베의 요구에 따라 하레베인은 동굴을 원래 위치가 아닌 증축된 작업실 옆 뜰에 새겨 넣었다.

루벤스는 이사벨라가 전염병으로 죽고 어린 헬레나 푸르망Helena Fourment과 재혼하면서 스텐Steen성을 전원 별장으로 구매해 이곳에서 많은 시간을 보냈다. 스텐성에서는 커다란 연못과 테라스, 넓은 과수원, 나무 경작지까지 도시 정원에서 실현할 수 없는 모든 것들이 가능했다. 하지만 시골이라고 모든 식물이 잘 자라는 것은 아니어서 루벤스는 정원사에게 편지를 보내, 담이 있어 약한 나무도 잘 자랐던 앤트워프 정원의 무화과와 오렌지를 보내달라 부탁하곤 했다.

루벤스의 정원은 영국 엘리자베스 1세에서 초기 제임스 1세 시대의 정원들처럼 보여지는 데 초점을 두었다. 낮은 울타리를 이루는 은매화와 서던우드southernwood, 회양목과 덩굴식물이 타고 올라가는 나무 퍼걸러pergolas가 있었고 곳곳에 그림을 걸었다. 튤립과 작약, 장미 등 고가의 귀한 꽃들로 채운 기하학적 형태의 화단을 꾸몄다. 화단의 정확한 형태에 대해서는 다양한 의견이 있다. 루벤스는 앤트워프에서 건축가이자 화가로 활동하며 여러 정원을 설계하기도 했던 한스 프레데만 더 프리스Hans Vredeman de Vries와 동시대 인물이기 때문에 1604년 또는 1605년에 출간된 더 프리스의 《원근법 연

루벤스가 설계했던 정원의 모습을 파악하기 위해 조사가 진행 중인 집 뒤편

구The Book of Perspective》를 참고했을 가능성도 있다.

루벤스는 어떤 일이든 맡은 분야를 독학했고 여러 식물도감과 식물학 서적도 갖고 있어서 정원을 설계할 때 노련하게 선택할 수 있었다. 친구였던 대大 얀 브뤼헐Jan Brueghel the Elder과 다니엘 세거스Daniel Seghers의 꽃 그림들을 소장했다는 사실에서도 그의 식물 사랑을 엿볼 수 있다. 튤립과 실라Scilla, 아이리스 등 고가의 꽃을 구근으로 구매해 깔끔한 화단에 보기 좋게 심어둔 루벤스의 정원은 당대 북유럽 부호들의 유행을 따르고 있었다.

르네상스 맨

루벤스는 항상 자화상 속 자신의 모습을 일하는 화가가 아닌 신사로 묘사했다. 도시의 많은 수집가와 마찬가지로 예술 작품을 매입하고 전시하는 것을 좋아했으며 예술품 수집을 향한 열망을 자신의 이미지에도 반영하고자 했다.

사실 루벤스는 티치아노Titian, 라파엘, 프란스 스니데르스Frans Snyders의 회화 작품과 페텔Petel과 뒤케누아Duquesnoy의 조각품에 해시계와 고대 유물들까지 소장한 제일가는 수집가였다. 그중 가장 대표적인 것이 절제와 평정으로 삶의 굴곡을 헤쳐나가야 한다고 주창한 스토아학파의 아버지 세네카Seneca의 대리석 흉상이었다. 루벤스가 1608

• 감각을 표현한 우화 연작 중 하나인 〈후각Smell〉(1617~1618)으로 루벤스가 인물을 그리고 대 얀 브뤼헐이 배경의 꽃을 그린 합작품이다.

년 이탈리아에서 사 온 이 작품은 그의 그림에도 여러 번 등장했다. 루벤스는 숨을 거두는 순간까지 이 흉상이 진품이라고 믿었지만 1813년에 진품이 발견되었다. 전문가들은 루벤스가 소장한 작품 역시 다른 많은 수집가가 지닌 것과 마찬가지로 다른 옛 철학자를 표현한 위작 중 하나라고 결론지었다.

루벤스의 집에는 화가와 인쇄업자, 제도사, 조각가뿐 아니라 작가들도 활발히 드나들었다. 그는 이들과 함께 작업하며 영감을 얻었다. 예술과 과학, 철학과 같은 다양한 주제를 놓고 토론을 벌이기도 했다. 공용 공간인 루벤스의 작업실과 화랑, 포르티코, 정원이 중요한 역할을 했다. 그중에서도 방문객이 산책을 하고 동굴과 분수를 구경하고 파빌리온에 앉아 집을 바라보는 정원은 없어서는 안 될 요소였다. 여기에서도 인간과 자연의 경계를 명확하게 볼 수 있다. 루벤스는 이 공간을 사람들에게 보여주고자 만들었고 진정한 르네상스 정신의 수호자였던 그는 인간을 자신이 만든 세계의 중심에 두었다.

루벤스가 생전에 수집한 작품 일부와 너머에 있는 회화 화랑과 반원형 조각품 화랑

루벤스의 친구이자 후원자였던 헤이스트Geest의 수집품을 묘사한 빌럼 반 하흐트willem van Haecht의 〈코르넬리스 반 데어 헤이스트의 화랑Gallery of Cornelis van der Geest〉(1628년)

루벤스 연대기

폴 세잔Paul Cézanne

엑상프로방스Aix-en-Provence, 프랑스

- 56세에 그린 세잔의 〈자화상〉(1895년). 세잔은 평생에 걸쳐 많은 자화상을 그렸다.
- •• 아버지 집 정원을 묘사한 〈자 드 부팡의 연못The Pool at Jas de Bouffan〉(1876년). 아버지는 나중에 이곳에 아들을 위한 작업실을 지어주었다.

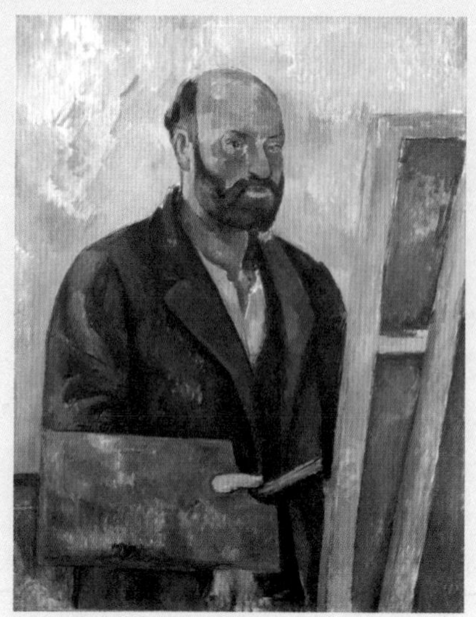

〈팔레트를 들고 있는 자화상Self-Portrait with Palette〉
(1890년경)

폴 세잔(1839~1906년)

일반적으로 폴 세잔은 후기 인상파 화가로 불리지만 절친했던 모네와 르누아르, 피사로 등의 인상파 화가와 마티스, 조르주 브라크Georges Braque, 피카소를 비롯한 모더니스트 화가 사이의 시기를 잇는 인물이라고 보는 것이 더 정확하다.

세잔은 엑상프로방스에서 어린 시절을 보내다 20대에 파리에 머물며 작업했다. 이후에는 파리와 고향을 오가며 지냈다. 말년에는 엑상프로방스의 작업실에서 주로 시간을 보냈는데 이곳은 먼훗날 예술가들이 찾는 명소가 되었다. 뛰어난 능력에도 불구하고 세잔은 56세가 되어서야 첫 개인전을 열었다. 비평가들에게 혹평받는 일도 많았고 아버지는 그를 '백수'라 부르기도 했지만 세잔은 자신의 재능을 굳게 믿었다. 동료들은 그에게 그림을 배우거나 함께 작업하기 위해 자리를 다툴 정도로 그를 우러러봤다. 엑상프로방스의 풍경과 사람들을 담은 세잔의 작품 세계는 지역적이었지만 그 영향력은 그가 나고 자란 땅 너머 세계로 널리 퍼져나갔다.

파격적인 스타일과 예술적 기교로 동시대 예술가들에게 극찬을 받았던 세잔은 프랑스 남부에 있는 고향 엑상프로방스 주변의 전원지대와 부모님의 정원에서 영감을 얻은 매혹적인 풍경화로 유명하다.

세잔은 당대의 수많은 재능 있는 화가 중에서도 단연 돋보였으며 예술적 경계를 넘나드는 혁신가였다. 고향 엑상프로방스에서든 파리에서든 어떤 장르나 경향을 따르는 일 없이 오직 자신의 방향을 고수했다. 위대한 인상파 화가 클로드 모네는 다른 어떤 화가보다 세잔의 작품을 많이 소장했고 카미유 피사로Camille Pissarro는 세잔의 가까운 친구이자 같은 일을 하는 동지였으며 피에르 오귀스트 르누아르Pierre-Auguste Renoir는 서신을 주고받으며 평생을 함께한 동료였다. 한마디로 폴 세잔은 예술가들의 예술가였다.

유년 시절과 청년기

엑상프로방스에서 태어난 폴 세잔은 프랑스 남서부의 바위 언덕과 소나무 숲을 노닐며 자랐다. 작가 에밀 졸라Émile Zola와 어릴 때부터 친구였으며 아버지는 모자 공장 운영으로 은행을 설립한 자산가였다. 피스타치오나무와 올리브나무 숲, 여러 과일나무들이 있던 엑상프로방스의 자연은 세잔의 삶에 중요한 역할을 했고 살아가는 내내 작품 활동의 영감이 되었다.

세잔이 스무 살이 된 1859년, 아버지 루이 오귀스트 세잔Louis Auguste Cézanne은 마을 외곽에 있는 저택 자 드 부팡을 매입했다. 아버지는 세잔을 법학대학에 보냈지만 그

• 1859년 세잔의 아버지가 매입한 고풍스러운 저택과 넓은 대지. 자산의 규모를 짐작할 수 있다.

•• 〈자 드 부팡의 저택The House at Jas de Bouffan〉(1876~1878년). 세잔의 안식처였던 정원에 둘러싸인 평온한 모습의 저택

는 다른 꿈을 키웠다. 한두 해 후 세잔은 학교를 그만두고 파리로 건너가 당시 활발히 활동하던 여러 화가들과 어울렸다.

세잔의 아버지는 아들의 선택에 실망했지만 그림에 전념할 수 있게 허락하고 경제적으로도 지원해주었다. 아버지의 지원을 받게 된 세잔은 엑상프로방스와 파리를 오가며 작품 활동을 했다. 파리의 프랑스 미술아카데미Académie des Beaux-Arts에서 개최하는 권위 있는 전시회 '살롱Salon'에 꾸준히 출품했지만 낙선했다.

자 드 부팡에서의 작업

엑상프로방스의 지역 유지였던 세잔의 아버지는 저택을 둘러싼 15헥타르의 땅을 8만 5,000 프랑francs에 매입했다. 18세기의 저택 자 드 부팡에 개인 목초지와 경작지, 일꾼들이 지내는 농가가 더해졌다.

남아 있는 세잔의 작품 중 자 드 부팡을 담은 그림들을 살펴보면 아버지의 정원이 어떤 모습이었는지 상상해볼 수 있다. 17세기에 프랑스의 원수元帥 빌라르the Maréchal de Villars가 처음 정원을 설계했고 18세기 중반 가스파르 드 트뤼펨the Gaspard de Truphème 가家에서 연못을 조성하고 연못이 보이는 오렌지 온실 오랑주리rangery도 만들었다. 가족들이 사는 저택으로 이어지는 진입로에는 밤나무가 늘어서 있었다. 자 드 부팡은 꽤 낡은 상태였지만 세잔의 아버지는 정원사와 일꾼들을 고용해 정원과 농장, 건물들을 보수하고자 노력했다.

세잔에게 가족들과 함께하는 자 드 부팡의 집은 정신없는 파리의 삶에서 벗어날 수 있는 안식처였다. 정원을 그리는 작업뿐 아니라 자 드 부팡의 사람들과 풍경 자체

를 향한 세잔의 깊은 애정을 작품에서 느낄 수 있다. 농장의 일꾼들은 유명한 연작 〈카드놀이 하는 사람들The Card Players〉(1890~1892년)의 모델이 되기도 했다.

세잔은 아버지에게 자신의 재능과 작업에 대한 열의를 보여주기 위해 십여 년 동안 넓은 응접실 벽면에 작품을 그렸다. 가장 인상적인 작품은 반원형으로 오목하게 들어간 벽감에 작업한 다섯 편의 연작으로, 사계절을 표현하고 있으며 중앙에는 아버지의 초상화를 넣었다. 아버지는 지붕 끝을 벗어날 만큼 넓게 북쪽 창을 낸 작업실을 위층에 지어주는 것으로 화답했다.

세잔은 그 후로 30년 동안 아버지의 집과 정원, 연못, 조각상, 밤나무 길을 담은 36점의 유화와 17점의 수채화를 그렸다. 하지만 실제로 자 드 부팡을 그린 그림이 얼마나 많았는지는 알 수 없다. 1899년 집을 팔고 낙심한 세잔은 정원에 불을 피워 보관하던 캔버스를 모두 태워버렸다. 대부분 공개를 원치 않았던 초기 작품이었던 것으로 보인다.

• 밤나무가 늘어선 진입로를 보여주는 〈자 드 부팡의 진입로The Avenue at Jas de Bouffan〉(1881년)

•• 자 드 부팡의 일꾼들을 그린 유사한 습작 연작 중 하나 〈카드놀이 하는 사람들〉(1890~1892년)

아내 오르탕스 피케를 그린 〈온실 속의 세잔 부인Madame Cézanne in the Conservatory〉(1891년)

가족을 꾸리다

세잔은 파리에서 모델이자 재봉사였던 마리 오르탕스 피케Marie-Hortense Fiquet를 만나 사랑에 빠졌다. 아버지 모르게 파리에서 오르탕스와 함께 살았고 1872년에 아들 폴Paul이 태어났다. 세잔의 어머니는 아들의 상황을 알고 있었지만 아버지가 경제적 지원을 끊을 것을 걱정해 이 사실을 숨겼다.

세잔은 파리 외곽의 퐁투아즈Pontoise와 오베르쉬르우아즈에서 친구 카미유 피사로와 같이 작업하기 시작했다. 오베르쉬르우아즈는 오르탕스와 어린 폴과 함께 잠시 살았던 곳이기도 하다. 이 시기에 야외에서 그린 앙 플랭 에르 작품들은 1874년 제1회, 1877년 제3회 '인상파' 전시회에 모네를 비롯한 여러 화가들의 작품과 함께 전시되었다. 하지만 세잔은 자신이 파격적인 인상파 화가들의 흐름에 맞는다고 생각하지 않았으며 계속해서 자신만의 독특한 화풍을 만들어나갔다.

영감이 되는 자연

이 시기쯤 세잔은 근방의 여러 마을에서 볼 수 있는 엑상프로방스의 생트 빅투아르 Sainte-Victoire 산등성이를 그리는 일에 푹 빠졌다. 좋은 각도를 찾으려고 주변 지역을 돌며 오랫동안 반복적으로 이 모티프를 그렸다.

• 〈에스타크에서 바라본 마르세유의 걸프만The Gulf of Marseilles Seen from L'Estaque〉(1885년경) 세잔은 어머니의 여름 별장이 있던 이 작은 바닷가 마을의 붉은 지붕과 푸른 바다를 사랑했다.

•• 〈비베뮈 채석장〉(1895년). 돌로 된 작은 집 바스티동을 빌려 붉은 암석과 초목을 그렸다.

1882년 여름 르누아르가 마르세유 근처 바닷가 마을인 에스타크Estaque에 있는 세잔 어머니의 여름 별장에 함께 머물렀다. 이듬해 여름에는 모네도 방문하여 셋이 엑상프로방스를 여행했다. 세잔이 이젤과 그림을 짊어지고도 먼 거리를 너무 잘 걸어 다녀 이 여행이 두고두고 회자되었다. 세잔은 지역 곳곳에 잠시 쉬어갈 작은 오두막집 같은 장소를 여럿 마련해두고 작업에 필요한 캔버스나 도구들을 채워두었다. 세잔은 매우 신중하게 작업하는 것으로 동시대 화가들에게 유명했는데 자신이 의도한 효과를 연출하기 위해서 마치 다신 움직이지 않을 것처럼 한참을 그대로 멈추어 생각하다 다시 붓을 움직이곤 했다.

세잔은 엑상프로방스의 바위 언덕과 소나무 숲, 신비로운 생트 빅투아르산 외에 새로운 모티프인 비베뮈 채석장Bibémus Quarries을 그리기 시작했다. 엑상프로방스 외곽의 낭만적인 산허리에 위치한 비베뮈는 쥐라기 시대 두 지질지각판이 충돌하며 형성된 채석장이었다. 로마 시대부터 19세기 초까지 엑상프로방스 지역의 건축에 필요한 사암과 점토 채굴이 이루어졌다. 세잔이 어릴 때만 해도 비베뮈에 유명한 채석장이 운영되었지만 그가 채석장을 그리기 시작했을 무렵에는 거의 방치된 상태였다. 바위는 야생 소나무와 금작화broom 뿌리에 쪼개지고 풍화되어 사라져가고 있었다.

세잔은 비베뮈에 있는 돌로 된 작은 집 바스티동bastidon을 빌려 이곳에서 5년 동안 채석장을 주제로 11점의 유화와 16점의 수채화를 그렸다. 〈비베뮈 채석장The Quarry at Bibémus〉(1895년)을 비롯한 이 시기의 채석장 작품과 에스타크에서 작업한 작품들이 조르주 브라크 등 후대 화가들에게 영감이 되고 입체파 운동의 불씨가 된 것으로 평가받는다.

레 로브에서의 말년

세잔은 다른 여인과의 만남으로 한바탕 소란을 겪은 후 아내 오르탕스에게 다시 돌아왔고 두 사람이 결혼한 1886년 아버지가 세상을 떠났다. 자 드 부팡에 살고 있던 어머니가 세잔 가족을 맞아들였지만 1890년대 후반 세잔과 사이가 틀어진 오르탕스는 아들 폴과 나가 살았다.

이 시기 세잔은 다른 여러 거처와 자 드 부팡을 오가며 떠도는 생활을 했다. 엑상프로방스 바로 외곽에 있는 누아르성Château Noir에서도 방을 빌려 생활했는데 세잔은 이 성을 무척 좋아했다. 19세기에 지어진 신新 고딕 양식의 성이지만 오래된 고딕 느낌을 풍겼던 누아르성은 세잔의 흥미를 자극했고 〈누아르성 뜰의 피스타치오 나무The Pistachio Tree in the Courtyard of the Château Noir〉(1900년)를 비롯하여 누아르성을 주제로 여러 작품을 남겼다.

세잔과 두 여동생은 1897년 어머니가 돌아가신 후 자 드 부팡의 집을 구매가보다 조금 낮은 금액으로 매각하여 나누었다. 이후 1901년 11월 16일 세잔은 엑상프로방스 위쪽으로 외따로 나 있는 로브Lauves가街 주변의 7,000제곱미터 땅을 매입했다. 62세의 세잔은 여생을 혼자 보낼 생각으로 좋아하던 풍경 속에 자신의 작업실을 짓기 시작했다.

1935년 촬영된 레 로브Les Lauves

남쪽을 향해 있는 레 로브의 경사진

땅에는 올리브나무와 무화과나무를 비롯한 여러 과일나무가 있었고 뒤편에는 베르동 Verdon 운하가 흘렀다. 세잔은 남서쪽에서 생트 빅투아르산을 바라볼 수 있는 탁 트인 시야 때문에 이곳을 마음에 두었고 건축가에게 소박한 건물을 의뢰했다. 하지만 그의 의도를 제대로 파악하지 못한 건축가가 화려한 저택을 지었고 당황한 세잔은 발코니와 장식들을 없애버렸다. 그는 자신의 필요와 예술적 방향성에 맞는 수수한 농가 건물로 바꾸게 했다. 겨우 2천 프랑에 매입한 대지에 10개월 동안 진행된 공사로 3만 프랑 이상의 돈이 소요되었다. 새로 지은 건물의 아래층에는 부엌과 작은 사무실이 마련되었고 위층 전체를 쓰는 작업실에는 남북으로 창이 나 있어 양쪽에서 빛이 들었다.

세잔은 1902년 레 로브의 작업실에서 작업 활동을 시작했다. 만나는 모두에게 도심에서보다 작업이 훨씬 순조롭다고 이야기했다. 그는 매일 아침 6시 30분에 불레공 Boulegon가街에 있는 집에서 나와 레 로브까지 걸어갔고 집에 돌아와서는 밥을 먹거나 잠만 잤다. 세잔은 뜰에 있는 과일나무 중 오래된 올리브나무 한 그루를 유독 아꼈고 집을 짓는 동안 나무가 다치지 않도록 낮은 담을 둘러주었다. 이 나무와 정서적 교감을 나누었던 세잔은 나무를 매만지고 나무에 말을 걸기도 했다. 세잔은 마치 오랜 친구처럼 여긴 이 나무 밑에 묻히기를 원했다.

레 로브에서의 작업에 아주 만족한 세잔은 상당수의 걸작을 완성했다. 레 로브 아래쪽에서 바라본 생트 빅투아르산을 그린 그림들, 정원과 테라스를 그린 수채화 몇 점, 마지막 정물화들 그리고 〈목욕하는 사람들Les Grandes Baigneuses〉이 이곳에서 작업되었다.

세잔은 쇠약해져 정원 일은 할 수 없었지만 그림을 그릴 수 있는 정원의 풍경과 조용한 생활을 즐겼다. 올리브나무와 무화과나무를 돌보기 위해 정원사 발리에Vallier를 고용했고 그는 세잔의 걸작 중 하나인 초상화의 모델이 되기도 했다. 말년에 쓴 편지들을 보면 발리에의 초상화가 너무 더디게 그려져 세잔이 괴로워했음을 알 수 있다.

"자연은 아름답다.
이 아름다움은 빼앗길 수 없다."
- 폴 세잔(1905년)

〈앉아 있는 사람Seated Man〉(1905~1906년)의 모델 레 로브의 정원사 발리에. 그는 말년의 세잔을 보살폈다.

발리에도 이어 여러 번의 초상화 작업으로 앉아 있는 시간이 너무 길어지자 원래 자기 일을 할 시간이 부족하다며 불평했다고 한다. 그해 10월 정원에서 몇백 미터 떨어진 곳에서 〈주르당의 작은 집Jourdan's Cabin〉(1906년)을 작업한 것이 세잔의 마지막 여행이 되었다. 세잔은 비바람을 맞고 의식을 잃은 채 집으로 실려 왔다. 다음 날 아침 상태가 좋지는 않았지만 작업실까지 걸어온 세잔은 라임 나무 아래 앉아 발리에의 초상화 작업을 했다. 그리고 며칠 뒤 흉막염으로 숨을 거두었다.

세잔이 떠나고

세잔이 숨을 거두고 1년이 지난 1907년 9월, 파리의 살롱 도톤Salon d'Automne전에 세잔의 회고전이 열렸다. 이 자리에서 시작된 세잔 열풍이 100년이 넘도록 이어져 지금도 세계의 많은 이들이 세잔에 열광하고 있다.

레 로브는 1921년 마르셀Marcel '프로방스Provence'라는 이름으로 알려진 프로방스의 유명인사가 구입하여 실제 거주했으며 세잔에 관한 글을 남겼을 뿐 아니라 1951년

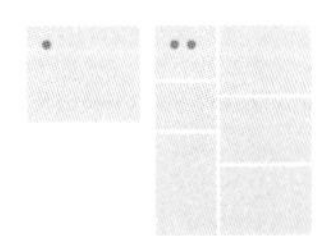

• 〈레 로브 정원의 테라스The Terrace of the Garden at Les Lauves〉(1902~1906년). 세잔은 유화 작업을 시작하기 전에 수채화로 여러 차례 연습했다.

•• 레 로브의 작업실. 세잔의 노트와 물건, 가구들이 지금도 그대로 보존되고 있다.

세상을 떠나기 2년 전에 촬영된 세잔의 사진. 레 로브의 작업실에 앉아 있다.

사망하기 전까지 세잔의 작업실을 그대로 보존했다. 이후 미국의 미술 애호가 단체가 기금을 모아 레 로브를 개발로부터 지켜냈으며 작업실을 공개해 전 세계의 시인, 화가, 역사학자를 비롯해 세잔을 사랑하는 이들을 초대했다. 1955년에는 메릴린 먼로Marilyn Monroe도 방문했다.

작업실과 달리 세잔의 정원은 제 모습을 지키지 못했다. 레 로브의 올리브나무는 1956년 폭풍으로 약해져 뽑혀나갔고 자 드 부팡의 저택과 정원은 방치되었지만 2018년 세잔의 자취를 보존하기 위한 대규모 복원 사업이 시작되었다. 세잔이 사랑했던 장소들이 이제야 그 진가를 인정받게 된 것이다.

세잔 연대기

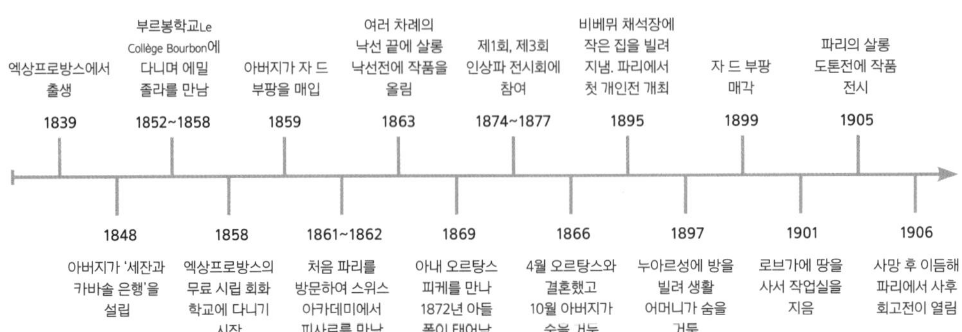

〈생트 빅투아르산Mont Saint-Victoire〉(1904년). 세잔은 집 가까이에 있는 이 산을 그리기 위해 같은 장소를 몇 번이나 오갔다.

피에르 오귀스트 르누아르Pierre-Auguste Renoir

샹파뉴Champagne와 코트다쥐르La Côte d'Azur, 프랑스

- 1895년 즈음 촬영된 샹파뉴 에수아에 있는 여름 저택 거실에서 작업하는 르누아르의 모습. 정원에 작업실을 짓기 전까지 거실에서 작업하곤 했다.

•• 코트다쥐르에 있는 레 콜레트의 테라스에서 그린 〈레 콜레트의 풍경 Paysages des Collettes〉(1907년경)

젊은 르누아르의 〈자화상〉(1876년)

피에르 오귀스트 르누아르(1841~1919년)

르누아르는 1841년 리모주에서 태어났다. 파리에 머물던 젊은 시절 클로드 모네와 프레데리크 바지유를 비롯한 진보적인 예술가들과 교류하며 그의 특별한 재능이 드러났다. 르누아르와 아내 알린은 예술가들이 많이 살았던 몽마르트르의 아파트를 옮겨가며 살다가 아이들이 생기고 가족이 많아지면서 파리 북동쪽 샹파뉴 지역의 에수아에 집을 사고 이곳에서 여름을 보냈다. 에수아에서 경험한 소박한 삶과 좋은 음식, 시골의 생활 방식은 르누아르에게 빛과 물감만큼이나 중요한 요소로 자리 잡았다. 이후 1908년에도 이러한 소박한 생활을 찾아 올리브 농장과 정원이 있는 프랑스 남부의 레 콜레트Les Collettes로 보금자리를 옮겨 이곳에서 가족들과 따뜻한 겨울을 보냈다. 에수아의 집과 레 콜레트에는 르누아르의 가족들이 오래도록 살았는데 증손녀 소피 르누아르Sophie Renoir가 2011년까지 에수아의 집에 거주했고 막내아들 클로드Claude가 1960년대까지 레 콜레트에 살았다.

19세기 도자기 산업으로 유명했던 리모주Limoges에서 재단사의 아들로 태어난 피에르 오귀스트 르누아르. 그의 운명은 화가와 거리가 멀었다. 첫 직장인 도자기 공장에서 도자기에 꽃을 그려 넣는 일을 하던 르누아르의 재능을 알아본 공장주가 그림을 배워보라고 권유했다. 르누아르는 21세에 에콜 데 보자르École des Beaux-Arts에 진학하고자 파리에 머물며 스위스 화가 샤를 글레르Charles Gleyre의 작업실에서 그림을 배웠다. 이곳에서 세 젊은 화가 프레데리크 바지유Frédéric Bazille, 알프레드 시슬레Alfred Sisley 그리고 클로드 모네와 친구가 된다.

집에서 경제적 지원을 받을 수 없던 르누아르는 작업 도구를 사는 데도 어려움을 겪었지만 파리의 미술상 폴 뒤랑 뤼엘Paul Durnad-Ruel의 눈에 들어 작품 몇 점이 모네의 작품과 함께 1874년 제1회 인상파 전시회에 전시되었다. 이 시기부터 작품 의뢰가 많아지고 수입으로 연결되는 초상화나 인물 그림을 작업하기 시작했다.

1880년 벨 에포크Belle Époque의 들뜬 분위기 속에서 르누아르와 친구들은 파리 서쪽으로 뻗은 강변의 작은 레스토랑 메종 푸르네즈Maison Fournaise에서 시간을 보내곤 했다. 일요일의 메종 푸르네즈는 웨이트리스나 점원, 파리 패션계의 재봉사 등 도시에서 일하는 소녀들도 많이 찾는 장소였다. 그중 샹파뉴 출신의 재봉사 알린 샤리고Aline Charigot는 르누아르의 작품에 많이 등장했는데 후에 그의 아내가 된다. 르누아르는 알린을 보지 않고도 그녀의 얼굴을 그려낼 수 있었다고 한다.

메종 푸르네즈 주인의 아들 알퐁스 푸르네즈Alphonse Fournaise는 손님들을 위해 보트 파티를 열곤 했는데 르누아르의 여러 명작에 이 풍경이 담겨 있다. 〈보트 파티에서의 오찬Le Déjeuner des Canotiers〉(1881년)도 그중 하나로 앞쪽에 꽃으로 장식된 모자를 쓴 알린이 작은 강아지를 안고 있다. 2년 후 그린 〈시골의 무도회Danse à la Campagne〉(1883년) 속 알린은 느긋하고 편안한 느낌이 완연한 시골 아가씨로 그려졌다.

영감을 주는 자연

많은 사람들이 알고 있는 르누아르의 작품에는 대다수가 사람, 특히 여인이 등장하지만 르누아르는 정원에도 일찍이 관심을 가졌다. 1873년 모네의 아르장퇴유Argenteuil 정원을 배경으로 모네를 그리기도 하였고(204쪽 참조) 몽마르트르Montmartre에 있는 작업실 뒤편 자연주의 정원에서 〈정원에서 파라솔을 든 여인Woman with a Parasol in a Garden〉(1875년)과 〈코르토 거리의 정원The Garden in the Rue Cortot〉(1876년)을 비롯한 여러 작품을 완성했다. 르누아르의 '인상파' 성향이 가장 두드러지는 작품 〈풀잎이 가득한 언덕으로 올라가는 길Chemin Montant dans les Hautes Herbes〉(1876~1877년)에는 붉은 양귀비poppy가 풀밭에 점점이 찍혀 있는 정도이지만 〈꽃다발Bouquet〉(1879년), 〈국화 다발Bouquet

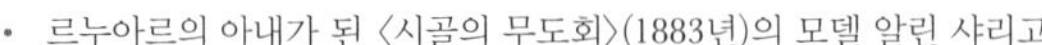

• 르누아르의 아내가 된 〈시골의 무도회〉(1883년)의 모델 알린 샤리고.

•• 〈코르토 거리의 정원〉(1876년)은 르누아르가 파리에 머무는 동안 몽마르트르 작업실 근처 정원을 그린 여러 작품 중 하나이다.

of Chrysanthemums〉(1884년), 〈사과와 꽃Pommes et Fleurs〉(1895년)을 비롯한 정물화는 상당히 사실적으로 묘사된 것을 볼 수 있다.

알린은 르누아르의 자연과 정원에 대한 애정을 북돋웠다. 알린은 샹파뉴 지역의 에수아Essoyes 출신으로 르누아르도 에수아에서 매해 여름을 보내다 결국은 집을 사고 첫 정원을 꾸몄다. 이후에는 남부 프랑스 카뉴쉬르메르Cagnes-Sur-Mer의 올리브 농장으로 이사했고 이곳의 정원은 가족들에게 휴식 공간이 되었을 뿐 아니라 르누아르에게 중요한 영감의 원천이자 자연에 대한 애정을 표현할 수 있는 하나의 통로가 되었다.

샹파뉴에서 찾은 행복

르누아르는 1885년 첫째 아들 피에르Pierre가 태어나고 서너 해 후 에수아에 처음 가보았다. 아이가 생기면서 더더욱 고향에 돌아가고 싶어 한 알린은 르누아르를 설득했다. 르누아르는 센강의 지류 우르스Ource강이 흐르는 이 마을에 푹 빠졌고 에수아에서 보낸 첫 여름에 강가에서 빨래하는 여인들을 보고 그의 명작 중 하나인 〈빨래하는 여인들Les Laveuses〉(1888년)을 그렸다.

에수아에서 가족들과 함께 살아가는 것은 알린이 평생 바라온 일이었다. 알린이 어릴 적에 아버지가 가족을 두고 미국으로 떠났고 어머니는 알린을 친척들에게 맡기고 파리에서 재봉사 일을 해야만 했다. 일을 할 수 있는 나이가 되자마자 어머니를 따라 몽마르트로 갔던 알린이 성공한 화가의 아내로 고향에 돌아온 것은 대단한 일이었다. 1890년에 결혼한 두 사람은 1896년 한 와인 제조가의 집을 샀고 딸려 있던 헛간도 개조하여 가족들과 함께할 큰 저택으로 꾸몄다. 둘째 아들 장Jean이 태어나고 알린의 열여섯 살 된 사촌 가브리엘 르나르Gabrielle Renard가 보모로 함께 살기 시작했고 르나르는 이후 20여 년간 르누아르의 여성 누드화에 가장 많이 등장하는 모델이 된다.

르누아르는 과수원과 텃밭이 있는 에수아의 집과 정원을 무척 좋아했다. 필요한 건 무엇이든 마을에서 구할 수 있었다. 파리에서 꼬박 하루가 걸리는 거리라 오가기 쉽지 않다는 점도 마음에 들었고 주변에 영감이 되는 소재들도 많았다. '흘러내리는 은'과 같다고 표현한 강을 그리는 작업에 몰두하기도 했지만 대부분은 그에게 편안함을 주는 사람들을 그리는 일을 사랑했다. 르누아르는 에수아에서 소박하고 행복한 삶을 이어갔다. 숨을 거두기 몇 달 전까지도 이 집에서 가족들과 여름을 보냈다.

전원의 정원

르누아르가 1906년에 그린 〈에수아의 집La Maison d'Essoyes〉을 보면 그가 꾸민 정원의 모습을 짐작할 수 있다. 르누아르는 정형화된 모습을 원치 않았고 딱딱하게 각 맞추어 정리된 영국식 잔디밭을 싫어했다. 과일나무와 포도 덩굴, 채소 텃밭, 들꽃으로 꾸며진 비옥한 정원은 소박하고 단순했다. 당시 정원의 규모는 외부 작업실을 포함해 1,500제곱미터였다. 르누아르는 집의 중앙 거실에서 그림을 그리다가 1901년 셋째 아들 클로드가 태어나면서 정원 끝에 따로 작업실을 짓고 1층에서 이어지는 외부 계단을 만들었다. 유명한 영화감독으로 성장한 둘째 아들 장 르누아르는 아버지를 아이들과 함께하는 시간이 많았던 모습으로 기억한다. 아이들은 늘 시끌벅적하게 나가 뛰어놀았고 르누아르는 아이들의 웃음소리가 방해가 아니라 도움이라도 되는 듯 작업하곤 했다고 한다.

에수아의 집과 정원이 담겨 있는 〈에수아의 집〉(1906년)

르누아르는 집에서 작업을 했고 알린은 마을에서 새로운 지위와 경제적 여유를 누렸다. 알린은 집의 두 개 층을 연결하기 위해 탑 안에 대형 계단을 설치하는 큰 공사를 진행하기도 했는데 그녀가 쓴 편지들을 살펴보면 파리에 있었을 때도 집 공사는 알린이 주도적으로 맡아 진행했다. 알린이 집을 손보고 정원에서 나는 것들로 멋진 식탁을 차리는 동안 르누아르는 강가의 세리케아 흰버들silver willow과 집 뒤뜰의 마로니에 나무

horse chestnut tree를 바라보며 그가 사랑하는 빛과 나뭇잎의 움직임에 몰두했다. 마로니에 나무는 오래전 사라졌지만 지금은 미국풍나무sweet gum가 대신 자리하고 있다.

이즈음 두 사람 모두 건강이 좋지 않았는데 60대의 르누아르는 류머티즘 관절염을 앓았고 알린은 그보다 스무 살 어렸지만 식이요법을 거부한 채 당뇨로 고생하고 있었다. 에수아의 여름은 온화했지만 겨울에는 기온이 자주 영하로 떨어졌기 때문에 부부는 남쪽의 카뉴쉬르메르에서 겨울을 보내기로 했다. 남부로 떠나기로 결정하고 에수아의 집과 정원을 담은 〈에수아의 집〉을 그린 르누아르는 이제 에수아에 돌아와 보낼 수 있는 시간이 얼마 남지 않았다는 것을 짐작하고 있었다.

르누아르와 알린은 에수아의 집을 첫째 아들 피에르에게 넘겨주었고 이후에도 쭉 르누아르가家에서 소유했다. 2012년까지 르누아르의 증손녀 소피가 에수아에 거주하다가 정부에 매각했고 알린의 부엌 테이블과 르누아르의 침대를 비롯한 집 안의 물건 대부분도 함께 넘겼다. 이후 5년간 상세한 연구조사 끝에 복원이 진행되었고 2017년 에수아의 집이 공개되었다.

정원 되살리기

정부가 넘겨받았을 당시 정원은 무성한 잡초와 수국hydrangea으로 뒤덮여 있었다. 관광안내소를 세우기 위해 2010년 추가로 땅을 매입했고 파리의 정원사 알리스 트리콘Alice Tricon이 공사를 맡았다. 하지만 정원 대지의 대부분이 풀로 덮여 경계를 구분할 수 없었고 과일나무들은 오래 방치되어 도움의 손길이 필요했다. 텃밭은 아주 일부만 남아 있었다. 관람객을 유치하는 단체인 '뒤 꼬떼 데 르누아르Du Côté des Renoir'와 정부는 정원을 보수하는 것보다 이용과 유지가 수월한 새 정원을 만드는 편이 낫다고 판단했다. 정원사 니콜라 조르주Nicolas George가 이 일을 맡아, 관광지로 제 역할을 하면서도 여전히 르누아르를 느낄 수 있는 공간으로 되살리고자 했다.

조르주는 르누아르의 작업실에서 집으로 이어졌던 길의 흔적을 따라 다시 길을 냈다. 르누아르의 1906년 작 정원 그림에서 볼 수 있듯 길 양쪽으로 좁은 잔디밭이 길게 이어졌는데 잔디 바깥으로 한쪽에는 낮은 관목과 장미들이 자랐고 반대쪽에는 과일나무와 텃밭이 있었다. 조르주는 포도 덩굴과 까치밥나무currant bush를 새로 심어 텃밭을 복원했고 길을 구분하는 잔디도 다시 깔았다.

정원에 심은 식물은 조금 달라졌지만 조르주는 정원을 채우고, 비우는 그 균형에 심혈을 기울였다. 가벼운 여유로움을 위해 나비바늘꽃Gaura lindheimeri, 톱풀achillea, 아스트란티아astrantia, 스카비오사scabious, 뱀무geum와 털수염풀Stipa tenuissima, 지팽이풀Panicum virgatum, 수크령Pennisetum villosum과 같은 풀 종류를 섞어 심었다. 수국과 장미, 작약, 부추꽃allium, 달리아를 채워 넣어 무게감도 더했다. 르누아르는 색이 많아지면 그림이 너무 복잡해진다고 여겨 팔레트에 옐로 오커yellow ocher

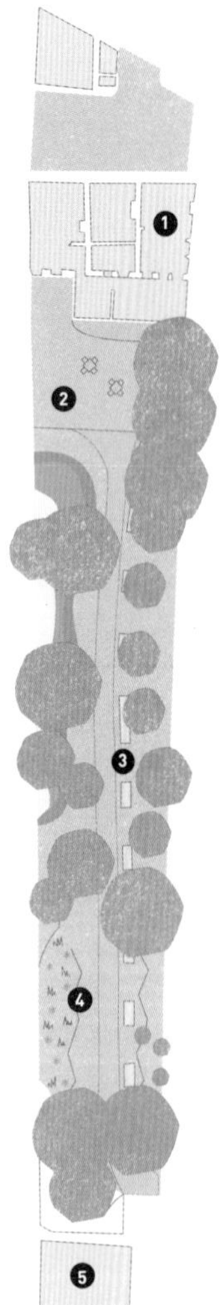

에수아의 정원

1 집
2 테라스
3 과일나무와 덩굴 식물
4 풀과 여러해살이 식물
5 작업실

• (왼쪽 위부터 시계방향) 에수아의 정원 끝에 위치한 르누아르의 2층짜리 작업실; 작업실을 짓기 전에 그림을 그렸던 거실; 알린의 가계부와 편지들; 작업실 내부; 니콜라 조르주가 새로 설계한 정원; 부엌

IMPRIMERIE
TRAVAUX À FAÇON
La forme parfaite
Couvre-Tête
qualité supérieure

와 로즈 매더rose madder, 비리디언viridian을 포함한 일고여덟 가지 색만 썼다. 조르주 역시 단순한 팔레트로 작업했던 르누아르처럼 그가 즐겨 썼던 색들을 골라 정원에 담아냈다.

따뜻한 햇볕을 찾아

영화감독 장 르누아르는 카뉴쉬르메르의 아버지 집에서 영화 〈풀밭 위의 오찬〉(1959년)을 촬영했다. 장은 이 시기쯤 촬영된 다큐멘터리에서 레 콜레트의 오래된 농장을 배경

"우리는 라퐁텐La Fontaine의 우화 속 노인처럼 나무를 심고 있다.
푸른 완두콩이
잘 자라고 있고
감자도 잘 자란다.
더 바랄 것 없이
행복한 순간이다."
- 피에르 오귀스트 르누아르
(1908년)

으로 인터뷰도 하고 부모님과 형제 피에르, 클로드와 함께했던 시간을 기록한 회고록《나의 아버지, 피에르 오귀스트 르누아르Pierre-Auguste Renoir, Mon Pere》를 쓰기도 했다.

장은, 정착해 살아갈 곳을 원했던 알린과 손이 변형되고 걷기 힘들어질 정도로 관절염이 심해져 따뜻한 곳에서 쉬어야 했던 르누아르에게 레 콜레트가 딱 맞는 집이었다고 회상했다. 부부는 카뉴쉬르메르 근처 언덕에 오래된 올리브 농장이 있는데, 한 부동산 개발업자

• 르누아르는 레 콜레트의 이 오래된 올리브 농장에서 코트다쥐르의 근교 마을 오드카뉴를 그렸다.
•• 위층 창문을 통해 보이는 테라스의 오렌지 나무들과 너머의 지중해

가 매입할 예정이고 나무들을 베어내 냅킨링을 만들 거라는 이야기를 듣고 바로 계약을 진행했다.

부부는 1907년 6월 3만 5,000프랑에 농장을 구입했고 대지 내 농가에 거주하는 소작인들의 장기 계약도 인수했다. 이후 10년 동안 주변 땅을 조금씩 더 사들여 총면적이 8헥타르에 달했다. 66세의 르누아르는 불편 없는 쾌적한 생활을 원했고 11월에 600제곱미터의 넓은 대지에 3층짜리 신식 저택 건축을 의뢰했다. 르누아르는 멋져 보이는 겉모습보다 집의 기능을 더 신경 썼다. 아래로는 지중해, 위로는 중세 마을 오드카뉴Haut-de-Cagnes까지의 풍경이 가장 잘 보이는 위치에 창문과 테라스가 배치되었고 무엇보다 가장 중요하게 요구한 것은 커다란 통창이 정원을 향해 활짝 열려야 한다는 점이었다.

집을 지으면서 테라스 정원도 만들었다. 집과 같은 높이에 만들어진 위층 테라스에 자갈을 깔고 관목을 심었으며, 아래층 테라스에는 장미 덤불로 둘러싼 오렌지나무와 부겐빌레아bougainvillea, 벽을 타고 자라는 플룸바고plumbago를 심었다. 알린은 과일나무를 심어 과수원을 만들었고 정원사가 텃밭에서 키울 당근, 콩, 시금치, 셀러리 씨앗과 아티초크artichoke, 토마토를 구입한 내역을 상세히 확인할 수 있는 영수증을 보관해두었다. 와인을 만들기 위해 작은 포도밭을 마련하고 식용으로 닭과 토끼를 키웠다. 정원에는 무화과나무, 피나무tilleul 꽃, 허브차tisanes를 만들 수 있는 보리지la bourrache와 전시에 커피 대용품으로 유용하게 쓰이는 캐럽나무carob도 있었다. 그중 레 콜레트의 가장 큰 매력은 지금도 굳건한 올리브나무다. 1530년경 프랑수아 1세의 군대가 심었다는 이야기도 있지만 마을 사람들은 300년 앞선 1200년대부터 이 자리에 올리브 농장이 있었다고 전한다. 지금도 남아 있는 150그루의 올리브나무 대부분이 아주 오랜 세월 동안 자리를 지켜왔다.

이탈리아 출신의 농장 소작인들은 르누아르 부부에게 소박하고 단순한 삶의 즐거움을 보여주었다. 3월부터 5월까지는 그라스Grasse 지역의 향수 제조업자들이 비싼 값에 구매하는 오렌지꽃을 수확하고 11월에는 올리브를 거두었다. 이어 겨울 작물인 쓴맛 나는 광귤과 달달한 오렌지를 땄다. 과학의 진보를 경계하고 전통적 가치를 믿었던 르누아르는 계절마다 작물을 거두며 자연의 흐름을 따라 자급자족하는 생활을 사랑했다. 그에게는 모두 야생의 아름다운 들풀일 뿐 해로운 풀이나 쓸모없는 잡초는 없었다. 그의 아들 장 르누아르 감독은 이런 철학에 영향을 받아 자신의 영화에서 과학이 모든 질문에 답을 줄 것이라 굳게 믿는 현대인들을 해학적으로 그리기도 했다.

르누아르의 작업실

르누아르는 1907년부터 숨을 거두기 전까지 매해 겨울 레 콜레트에서 작업했다. 인물도 계속 그렸지만 특유의 빠른 붓놀림으로 풍경을 많이 그렸다. 레 콜레트 맨 위층에 있는 대형 작업실은 목적에 딱 맞게 설계되었고 커다란 통창은 북쪽을 바라보았다. 르누아르의 휠체어를 둘 공간과 모델이 포즈를 취하는 단도 마련되었다.

같은 꼭대기 층에 조금 작은 보조

르누아르는 이따금 야외에서 작업하기도 했지만 보통은 빛이 일정하게 비추는 작업실 내에서 작업하는 것을 더 좋아했다.

작업실도 있었는데 사방으로 창이 모두 나 있어 자연광에 가까운 빛이 들었다. 장 르누아르는 아버지 르누아르가 빛이 일정하게 비추는 실내이면서도 자연과 정원에 가까운 곳에서 작업하길 좋아했다고 말했다. 1916년 르누아르는 집 북쪽 정원에 석재 기반의 단순한 목조 건물로 실외 작업실을 짓기도 했다. 그가 숨을 거둔 후 이 세 작업실에서만 유화와 소묘, 수채화, 판화, 조소를 포함해 700점 이상의 작품이 나왔을 정도로 르누아르는 노년에도 활발하게 작업했다.

르누아르는 몸이 점점 더 불편해지는 중에도 계속해서 회화 기법을 발전시켰고 2차원인 자신의 작품을 3차원 형태로 표현하고 싶어 했다. 처음으로 청동을 비롯한 여러 재료를 다룰 수 있는 기회가 생겼지만 당시 손 변형이 심각해 손톱이 손바닥에 파고들지 않게 붕대를 감아야 할 정도였다. 신체적으로는 작업이 거의 불가능했지만 꿈을 포기하지 않았다. 카탈로니아Catalonia 출신의 젊은 조각가 리샤르 기노Richard Guino와 함께 작업하여 아래층 테라스에 세운 〈승리의 비너스Venus Victrix〉를 비롯한 37점의 조소 작품을 만들었다.

부부는 아들들이 예술을 가까이하도록 대지 내에 도예 공방과 가마를 지었다. 제1차 세계대전 이후 레 콜레트의 집으로 돌아온 아들들은 도자기 공예를 통해 전쟁의 충격과 상처를 치유했다. 첫째 피에르는 배우로, 둘째 장은 영화감독으로 성공했고 도예에 가장 뛰어난 재능을 보였던 막내 클로드가 도예가가 되어 레 콜레트에서 도예 작업을 했다. 클로드는 소작인으로 들어온 프랑스인의 딸이자 르누아르의 모델이기도 한 폴레트 뒤프레Paulette Dupré와 결혼한다. 클로드와 뒤프레는 1960년까지 레 콜레트에 살았고 이후 카뉴쉬르메르 정부가 인수했다.

• (왼쪽 위부터 시계방향) 1908년부터 1960년대까지 르누아르의 가족이 거주한 레 콜레트의 집; 르누아르에게 영감이 된 올리브 농장; 레 콜레트의 농가; 초여름의 정원; 정원에서 바라본 오드카뉴 마을

레 콜레트에서의 생활

장 르누아르의 기록에 따르면 당시 레 콜레트는 황금기를 지나고 있었다. 미술상 폴 뒤랑 뤼엘과 화가 모딜리아니Modigliani, 조각가 오귀스트 로댕Auguste Rodin을 비롯한 수많은 예술가와 유명 인사들이 고령의 르누아르를 만나기 위해 레 콜레트를 찾았다. 르누아르의 친구였던 로댕은 1914년 3월 영국의 정원사이자 작가인 비타 색빌웨스트의 어머니와 함께 레 콜레트를 방문했다. 그는 르누아르의 그림을 여러 점 갖고 있었고 가장 위대한 두 화가로 르누아르와 반 고흐를 꼽았다.

당시 세계를 누비던 인물들이 레 콜레트에 찾아와 르누아르의 가족들과 그의 모델이자 카뉴쉬르메르의 채소 장수였던 마들렌 브뤼노Madeleine Bruno를 비롯한 마을 사람들과 함께 어울려 시간을 보냈다.

레 콜레트의 정원 모습을 남긴 르누아르의 오랜 친구이며 화가인 알베르 앙드레Albert André는 정말 고마운 인물이다. 〈르누아르의 정원Le Jardin de Renoir〉을 비롯한 앙드레의 풍경화에는 다른 기록에는 남아 있지 않은 레 콜레트의 모습이 담겨 있는데 〈레 콜레트의 올리브나무Les Oliviers aux Collettes〉(1910년)에서는 지금은 사라진 올리브 정원 일꾼들의 헛간 모습을 확인할 수 있다. 또한 앙드레는 나이 들어가는 르누아르가 작업하는 모습을 여러 번 그렸고 종종 정원에 옮겨 사용하기도 했던 가마 형태의 의자나 휠체어에 구부정하게 앉아 캔버스를 앞에 두고 작업하는 르누아르의 모습을 남겨두었다.

노년의 르누아르는 움직임이 자유롭지 못해 혼자 일어나거나 걸어 다닐 수 없었다. 그럼에도 불구하고 레 콜레트에서 걸작 두 점을 완성했다. 하나는 〈레 콜레트의 풍경Paysages des Collettes〉(1914년)으로 오래된 올리브나무 두 그루 사이로 멀리 보이는 옛 마을의 풍경은 지금도 그대로 남아 있다. 다른 하나는 같은 해에 그려진 〈레 콜레트의

초기의 인상파 스타일이 다시 나타나는 〈레 콜레트의 농가〉(1914년)

농가La Ferme des Collettes〉이다. 두 작품은 다시 인상파의 느낌을 보여주며 1917년 겨울에 그린 〈니스 구시가의 지붕 풍경La Vue des Toits du Vieux Nice〉부터는 보다 건축적인 묘사에 집중했다.

르누아르 미술관The Musée Renoir과 카뉴쉬르메르 정부는 이 시기 르누아르의 작품을 다시 레 콜레트에 전시하고자 계속해서 작품을 찾아 매입하고 있다. 코드다쥐르가 개발되면서 르누아르가 바라보았던 풍경은 사라졌지만 많은 화가들이 매료되었고 그가 사랑했던 언덕 가득한 올리브나무의 색감과 청명한 빛은 그 자리에 여전히 남아 있다.

르누아르 연대기

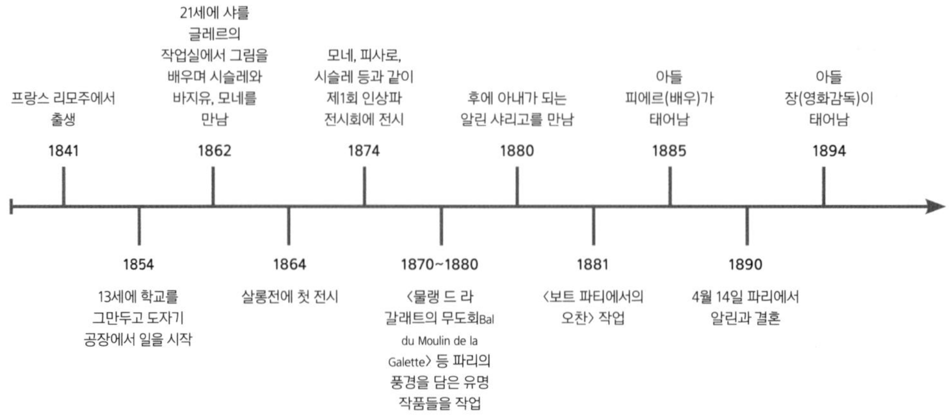

가장 오른쪽, 알린의 사촌이자 르누아르의 모델이었던 가브리엘 르나르, 르누아르에게는 아주 가까운 가족과 친구들이 있었다.

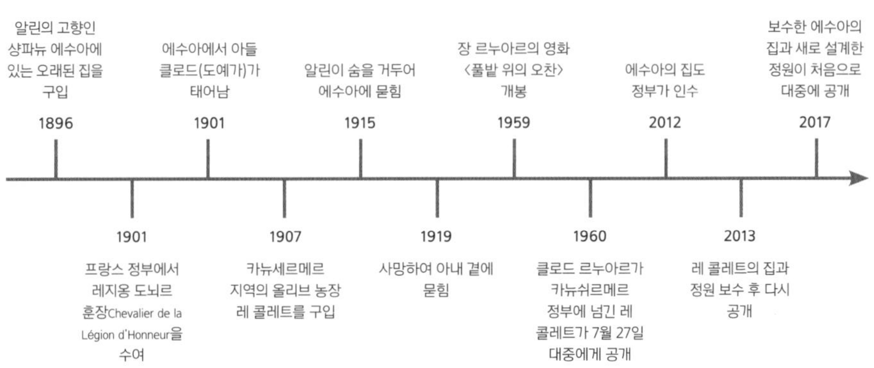

막스 리베르만Max Liebermann

반제 호수Lake Wannsee, 독일

Max Liebermann

- 〈작업복을 입은 화가의 자화상Self-Portrait in Painter's Overall〉(1922년). 리베르만은 자화상과 자신이 만든 정원의 풍경을 즐겨 그렸다.

•• 베를린 근교 호숫가에 있는 리베르만의 정원을 그린 〈반제의 정원에 있는 가정교사와 화가의 손녀The Artist's Granddaughter with her Governess in the Wannsee Garden〉(1923년)

장미를 자르고 있는 리베르만, 1932년

막스 리베르만(1847~1935년)

막스 리베르만은 대학에 진학해 처음에는 화학을 공부했지만, 얼마 지나지 않아 공부를 접고 그림을 향한 열망을 좇아 바이마르에 있는 그랜드두칼색슨예술학교Grand-Ducal Saxon Art School에서 미술을 배웠다. 초기 작품에서는 네덜란드와 파리의 빈민과 노동자들을 사실주의적으로 표현했다. 다시 베를린에 돌아온 후로는 주로 상류층을 그리며 밝은 색을 썼다.

베를린 분리파로 알려진 독일 인상주의 유파를 설립했다. 1910년부터 1935년 숨을 거두기까지 매해 여름을 보낸 반제 호숫가의 정원을 담은 유화 200점을 남겼고 파스텔화와 수채화, 소묘 등도 200여 점에 달한다. 독일 예술계의 중심에 있는 인물이었으나 나치의 배척을 받았고 홀로코스트 전에 사망했다. 1938년 '퇴폐degenerate' 예술을 지원하기 위해 런던에서 열린 20세기 독일 미술전에 독일과 스위스의 개인 수집가들과 아내 마르타가 리베르만의 작품 열여덟 점을 보내 전시했다.

“어서 와서 나의 작은
‘호숫가의 성’을 보게.
화려하지는 않지만
나와 꽤 닮은 것 같네.”
- 막스 리베르만(1922년)

독일 인상주의의 선두에 섰던 유대인 예술가 막스 리베르만. 그는 베를린 분리파Berlin Secession를 창립하여, 19세기 후반에서 20세기 초반 보수적인 유럽 예술계에서 혁신적이고 파격적인 행보를 이어갔다. 그는 커다란 변화가 몰아치는 시대를 살았고 그 변화는 그의 집과 가족, 일을 뒤흔들었다.

호숫가의 꿈

리베르만의 초기 작품은 네덜란드의 소박한 농가 풍경을 묘사한 사실주의적인 그림들이었지만, 프랑스에서 마네

• 완공 직후 1911년에 촬영된 동쪽 전면부
•• 혼천의가 있는 서쪽의 생울타리정원Hedged Garden

〈반제 동쪽 호숫가의 자작나무들Birches on the Wannsee to the East〉(1924년) 속 호수에 떠 있는 많은 보트들을 보면 당시 도시를 떠나 쉴 곳을 원한 베를린 사람들에게 반제 호수가 얼마나 인기 있는 휴양지였는지 알 수 있다. 리베르만 가족은 1910년부터 리베르만이 숨을 거둔 1935년까지 매해 여름을 이곳에서 보냈다.

의 작품을 보고 큰 영감을 받은 뒤 밝고 경쾌한 그림을 그리기 시작했다. 이러한 변화는 가장 즐겨 그렸던 소재인 공원과 정원을 표현하기에 아주 적합했다. 특히 반제 호수에 있는 집의 풍경과 정원은 리베르만의 주요한 작품 소재였고 말년에도 지속적인 영감을 주었다.

리베르만은 1847년 베를린에서 직물 제조업자의 아들로 태어났다. 화가의 꿈을 안고 독일 바이마르Weimar에 위치한 명망 있는 그랜드두칼색슨예술학교에 진학했고 파리와 뮌헨에서 활동했다. 베를린에 돌아와서는 프로이센예술아카데미Prussian Academy of Arts의 교수이자 독일 인상주의의 선구자로서 기성 예술 사회에서 중요한 인물로 자리매김했다.

1894년 리베르만의 아버지는 베를린 중심부에 있는 집을 비롯한 막대한 재산을 유산으로 물려주었다. 리베르만은 아내 마르타 마르크발트Martha Marckwald와 딸 케테Käthe와 함께 경제적으로 안정된 삶을 사는 한편 평온하게 작업에 집중할 수 있는 전원의 여름 저택을 꿈꾸었다. 그의 꿈은 15년 후에야 이루어졌고 1909년 봄 반제 호수가 바라보이는 대지를 구입하는 것으로 시작되었다.

베를린 남서쪽에 위치한 이 호수와 나무가 우거진 섬은 오래전부터 도시인들이 휴양을 위해 찾는 곳이자 부유한 베를린 사람들이 누구나 별장을 두고 싶어 하는 곳이었다. 리베르만은 강가를 따라 생겨나는 부와 권력을 과시하는 집들과는 전혀 다른 모습을 원했고 어떤 저택과 정원을 만들지 뚜렷한 계획이 있었다. 그는 동쪽으로 호수를 끼고 있는 7,000제곱미터의 땅을 매입했고 자신의 계획을 실현하기 위해 알프레트 메셀Alfred Messel 건축 사무소에 있는 건축가 파울 A.O. 바움가르텐Paul A.O. Baumgarten에게 건축을 의뢰했다.

리베르만의 집에서 몇 블록 떨어진 곳에 있는 마를리어Marlier 저택도 바움가르텐

이 설계했다. 지금은 유대인 학살 계획을 논의한 1942년 나치의 반제 회의 장소로 악명이 높지만, 당시에는 모두의 눈길을 끄는 멋진 저택이었다. 리베르만은 이 독일 일류 건축가에게 집을 맡기면서도 큰 각광을 받고 있던 네오 바르크 풍의 집은 생각지도 않았다. 강가의 다른 저택들 사이에 기품 있게 자리한 클래식한 저택을 원했던 그는 바움가르텐의 설계 초안에 적극적으로 개입했다.

함부르크 스타일

리베르만은 반제의 집과 정원을 구상하던 시기에 가까운 친구였던 함부르크 미술관 쿤스트할레Kunsthalle의 초대 관장 알프레트 리히트바르크Alfred Lichtwark와 자주 편지를 주고받았다. 아내와 함께 함부르크에도 자주 방문했는데 리히트바르크가 구경시켜주었던 도시와 근교에 있는 18세기에서 19세기에 지어진 전원 저택 스타일이 반제의 집에 반영된 것으로 보인다. 리베르만은 바이마르에 있는 괴테Goethe의 집도 무척 좋아해서 바움가르텐의 동쪽 전면부 설계도에 이 집의 뾰족한 지붕과 원형 창을 똑같이 그려 넣기도 했다.

반제의 저택은 다양한 스타일이 조화를 이루면서 색다른 매력을 갖게 되었다. 대지의 중앙에 자리한 저택은 정원을 반으로 나누었다. 앞쪽 정원을 지나 중앙에 저택이 들어섰고 뒤쪽 정원 너머로 호수가 펼쳐졌다. 거주를 위해 지어진 이 저택의 다이닝룸은 테라스를 향해 창이 열려 가족들이 야외에서 식사를 할 수 있었다. 2층에는 반원통형의 둥근 천장이 있고 북쪽으로 창이 난 커다란 작업실을 만들었다. 웅장한 입구와 작은 탑 형태의 터릿turret이 눈에 띄는 이웃한 저택들과 달리 리베르만의 저택은 수수하고 조밀했으며 대칭을 이루고 있었다.

전통에서 벗어나

1909년 리베르만이 생각해둔 정원의 모습을 스케치하여 리히트바르크에게 보낸 것을 시작으로 두 사람은 5년 동안 편지를 주고받으며 정원에 관한 이야기를 나누었다. 당시 대부분의 정원 디자인은 뻔한 틀에 맞춰져 있었다. 귀족이나 왕실 정원의 축소된 형태였다. 정원사는 고객의 말을 듣지 않아도 알 수 있었다. 리베르만은 이런 요구를 정말 터무니없는 일이라고 말했다. 리히트바르크와 페터 베렌스Peter Behrens를 비롯한 현대 건축가들은 점점 축소되는 대지에 폭포와 인공 동굴, 공원까지 갖추고자 하는 사람들의 욕심 때문에 18세기 영국식 정원을 형편없이 흉내 내는 수준에 그치고 마는 정원의 모습을 마주해야 했다.

20세기 초 다름슈타트Darmstadt를 비롯한 도시를 중심으로 독일에서 유행하기 시작한 아르누보Art Nouveau 양식은 1904년 뒤셀도르프Düsseldorf에서 열린 응용미술박람회와 1907년 만하임Mannheim에서 개최된 권위 있는 정원박람회를 거치며 전성기를 맞았다. 1908년 리베르만은 베를린의 실러Schiller 공원 디자인 공모 심사를 맡았고 현대 건축가 프리드리히 바우어Friedrich Bauer가 수상의 영예를 안았다. 리베르만이 리히트바르크를 비롯한 여러 친구에게 보낸 편지를 통해 바우어의 새로운 디자인도 그의 집과 정원에 영향을 주었음을 알 수 있다.

독특한 정원

윌리엄 모리스와 거트루드 지킬Gertrude Jekyll, 윌리엄 로빈슨William Robinson은 저택과 정원이 웅장하고 거대해야 한다는 전통적인 관념을 거부했다. 이 영국 작가들의 글은 독일에도 영향을 주었는데, 유럽 대륙의 아르누보 양식, 모더니즘 건축 양식과 혼합되어 독일 정원 디자인에 새바람을 일으켰다. 이 새로운 정원 디자인은 정원을 일정한 형식을 갖춘 공간으로 보았다. 생울타리와 계단, 길, 테라스 등 공간을 구분하는 요소들과 기하학적 구조를 중요하게 생각했다. 이러한 특징은 이 시기 리베르만의 작품에서도 찾아볼 수 있다.

독일 정원의 새로운 움직임은 전문 정원사가 아닌 미술가와 건축가, 도예가, 작가, 리히트바르크를 비롯한 미술관 관계자 등 '아마추어'들이 이끌어나갔다. 리히트바르크가 소개해준 함부르크 엘베Elbe강 근처에 있는 농부들의 정원을 본 리베르만은 이곳의 실용성에 크게 놀랐다. 먹기 위한 채소와 치료를 위한 약초, 즐거움을 위한 꽃으로 가득한 정원은 딱 필요한 것들로만 채워진 곳이었다. 리히트바르크나 리베르만이 가축을 키우거나 농사를 지으며 땅에서 난 것

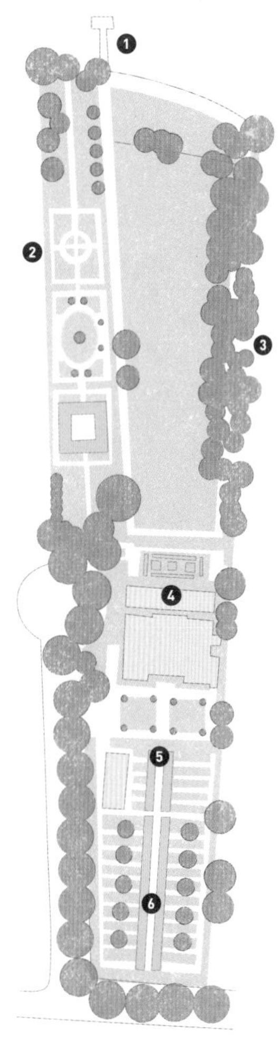

반제의 정원

1 둑과 파빌리온
2 생울타리정원
3 자작나무 길
4 테라스
5 라임나무 생울타리
6 꽃밭과 텃밭

• 화단으로 양쪽을 꾸민 중앙 도보가 텃밭과 집 안 복도를 지나 호수까지 이어진다. 리베르만은 정원이 집의 기하학적 구조에 맞추어 설계되어야 한다는 새로운 디자인 양식의 영향을 받았다.

으로 살아가는 사람이 아니었기에 더욱 이상적으로 보였을지 모르지만 리베르만은 이 정원에서 강한 인상을 받았다. 그는 자신의 정원을 다른 두 공간으로 구분해 만든다.

리베르만은 바깥 도로와 마주하는 앞쪽 정원 전체를 채소와 꽃으로 채웠다. 중앙 도보 양쪽의 넓은 화단에는 다양한 색의 한해살이 꽃과 두해살이 꽃을 심고 그 너머에 있는 채소 텃밭에는 샐러드 채소와 여러해살이풀을 심었다. 라일락과 재스민으로 만든 생울타리를 정원 전체에 두르고 기둥처럼 길게 뻗은 여덟 그루의 라임나무를 한 줄로 세워 정원사의 오두막을 가렸다.

리베르만은 누구나 오가며 볼 수 있는 곳에 감자와 호박이 줄줄이 늘어선 실용적인 정원을 꾸며놓았다. 정원에 매일매일의 쓰임이 있다는 것을 보여줌으로써 고가의 교외 저택을 진입로와 잔디로 꾸며놓은 이웃들을 당황하게 했다.

집 뒤쪽 정원은 호수를 바라보는 탁 트인 시야를 가리는 요소가 전혀 없도록 설계되었다. 가족들이 즐거운 시간을 보낼 넓은 위층 테라스를 만들고 아래층 테라스에는 꽃을 심었는데 회양목으로 테두리를 두른 화단에는 봄이면 노란색과 보라색 팬지가, 여름에는 짙은 빨간색 펠라르고늄pelargonium이 피었다. 리히트바르크는 리베르만에게 정원의 한쪽 테두리를 따라 호수까지 자작나무birch tree를 심어 자작나무 숲길이 호숫가로 이어지게 만들 것을 권했다.

리베르만의 친구이자 베를린 분리파의 일원이었던 아우구스트 가울August Gaul의 조각품을 온전히 감상할 수 있는 원형 벤치도 두었고 호숫가에는 낮은 둑과 차를 마실 수 있는 파빌리온을 세웠다. 대지를 추가로 매입하여 정원의 규모를 넓히면서 정원의 매력 포인트인 생울타리정원도 더했다.

리베르만은 서어나무hornbeam 생울타리로 구분된 세 공간을 만들었는데 하나는 장미, 하나는 길게 뻗은 라임나무로 채우고 나머지 하나에는 자른 서어나무 가지들을 심

• (왼쪽 위부터 시계방향) 테라스의 파테르 화단; 생울타리정원의 혼천의; 꽃밭에 꾸며진 코티지정원cottage garden; 자작나무 길; 테라스에서 바라보이는 반제 호수; 라임나무 생울타리

• 1924년 테라스의 화단 너머 반제 호수를 바라보고 있는 막스 리베르만의 모습. 리베르만은 가리는 것 하나 없이 호수를 온전히 바라볼 수 있는 정원을 원했다.

•• 호숫가 집의 빛이 잘 드는 커다란 작업실 모습이 담긴 〈작업실에서의 자화상Self Portrait in the Studio〉(1930년)

어 구조를 맞추었다. 생울타리정원도 정원 구성에 필수적인 중심축을 따라 설계되어 세 공간 모두 축을 따라 혼천의armillary sphere로 이어졌다.

화가의 안식처

1910년 7월 26일 가족들과 함께 반제의 저택에 머물기 시작한 62세의 리베르만은 이후 24년 동안 매해 여름을 이곳에서 보냈다. 정원을 그린 유화만 200점이 넘고 파스텔화와 수채화, 소묘까지 합치면 그 두 배에 달했다. 모네가 지베르니 정원을 수없이 그렸듯 리베르만도 정원 곳곳을 그리고 또 그렸다. 꽃에만 집중했던 모네와 달리 리베르만은 건축적 요소를 함께 그렸다. 작품 가장자리에는 늘 집을 비롯한 건물의 계단이나 테라스가 있었고 때로는 정원사의 모습도 담겼다. 베를린 분리파의 동료 화가 로비스 코린트Lovis Corinth, 막스 슬레포크트Max Slevogt와 함께 인상주의로 나아가고 있던 리베르만의 붓놀림은 거침없었고 자유롭게 색을 썼다. 리베르만과 동료들은 야외 작업을 중요시했는데 자신의 정원을 모티프로 삼았던 리베르만에게 야외 작업은 비교적 아주 수월한 일이었고 마무리 작업만 실내에서 진행했다.

어둠의 시기

1930년대 초반에는 반제 호숫가에서 한가로이 여름을 보낸 날이 많지 않았다. 13년 동안 프로이센예술협회Prussian Fine Arts Society의 회장이자 베를린 예술계의 기둥 역할을 해

• 처음 그린 1921년 작. 〈서쪽에 있는 반제의 실용정원The Useful Garden in Wannsee to the West〉.

•• 두 번째로 그린 1922년 작. 리베르만은 여러 계절과 다른 빛 속에 있는 같은 정원 모티프를 그리고 또 그렸다.

온 리베르만은 1933년 유대인 예술가를 배척하는 세태에 대한 저항의 의미로 사임했다. 여든 번째 생일에 그를 베를린의 명예시민이라 치켜세웠던 바로 그 사람들과 단체들이 그에게 등을 돌렸다. 2년 후인 1935년 그는 숨을 거두었다.

아내 마르타는 1940년까지 나치로부터 저택을 매각하라는 강요를 받았고 결국 반제의 집은 체신청에 징발되어 여성 추종자들을 위한 훈련장으로 쓰였다. 딸과 손녀딸은 박해를 피해 미국으로 건너갔지만 아내는 베를린에 있는 집으로 돌아왔고 1943년 3월 5일 추방 명령을 받는다. 그리고 그날 저녁 친구들에게 편지를 남기고 86세의 나이로 스스로 목숨을 끊었다.

다시 빛을 보는 정원

제2차 세계대전 후 반제의 저택과 정원은 병원으로 이용되었다. 앞쪽에 주차장이 만들어졌고 1970년대에는 스쿠버다이빙 스쿨이 운영되면서 호숫가에 둑과 여러 구조물이 추가로 설치되었다. 마침내 2002년 막스리베르만협회Max Liebermann Society에서 저택을 매입했지만 정원은 라임나무 생울타리와 밤나무chestnut tree 외에는 거의 남아 있지 않았다. 독일 예술계의 거장이었던 리베르만의 집은 잊혔고 축대와 테라스 계단, 생울타리 정원 일부만 남아 겨우 복원이 가능했다.

정원 곳곳의 모습을 담은 리베르만의 작품은 복원 과정에 없어서는 안 될 큰 역할을 했다. 1927년 리베르만의 여든 번째 생일에 테라스에서 찍은 사진도 도움이 되었다. 막스리베르만협회는 2002년부터 2006년까지 기금과 자원봉사자들을 모아 복원했으며 자작나무를 새로 심고 지붕을 얹은 파빌리온과 생기 넘치는 텃밭정원을 복원하여

리베르만 연대기

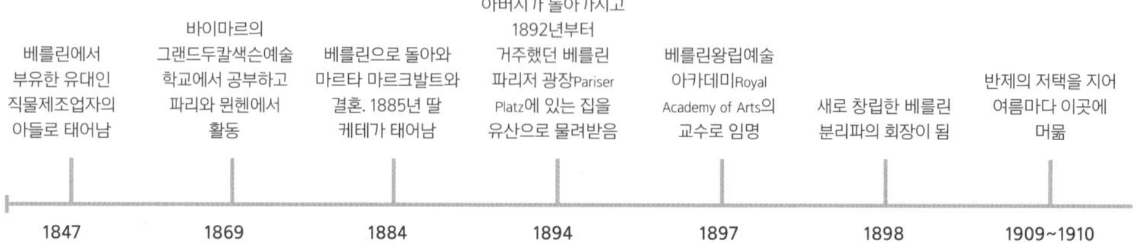
베를린에서 부유한 유대인 직물제조업자의 아들로 태어남
1847
바이마르의 그랜드두칼색슨예술 학교에서 공부하고 파리와 뮌헨에서 활동
1869
베를린으로 돌아와 마르타 마르크발트와 결혼. 1885년 딸 케테가 태어남
1884
아버지가 돌아가시고 1892년부터 거주했던 베를린 파리저 광장Pariser Platz에 있는 집을 유산으로 물려받음
1894
베를린왕립예술 아카데미Royal Academy of Arts의 교수로 임명
1897
새로 창립한 베를린 분리파의 회장이 됨
1898
반제의 저택을 지어 여름마다 이곳에 머묾
1909~1910

리베르만 가족들이 기억하는 정원 모습을 재현했다. 복원 작업은 리베르만의 생애를 기리기 위한 과정이자 언제나 그의 신념의 정점에 자리했던 정원을 되살리기 위한 것이었다.

리베르만의 설계대로 복원된 꽃밭과 텃밭. 길 양쪽으로 뚜렷하게 나뉜 기하학 구조의 화단에 한해살이 꽃과 풀들 그리고 달리아가 여유롭게 피어 있다.

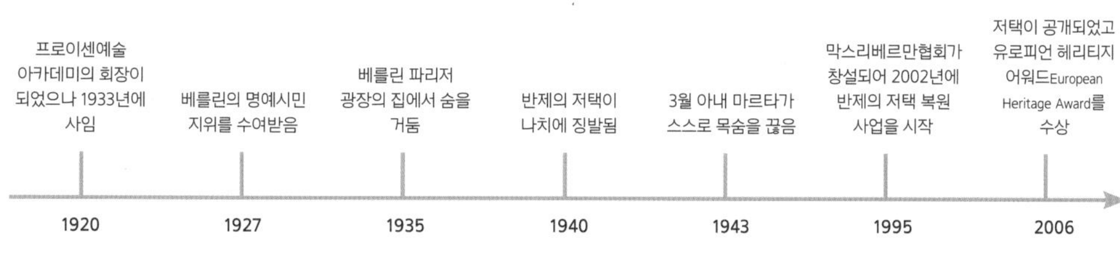

호아킨 소로야Joaquín Sorolla

마드리드Madrid, 스페인

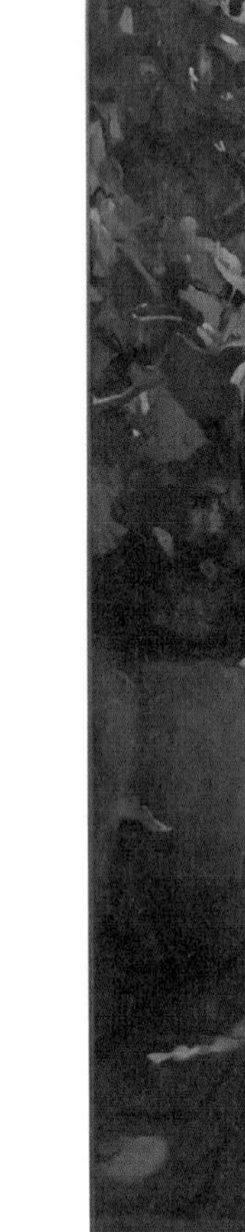

- • 소로야의 전성기에 작업한 〈자화상Self-Portrait〉(1909년). 같은 해에 미국에서 첫 전시회를 열었다.
- •• 가장 많은 사랑을 받는 작품 중 하나인 〈돛 수선Sewing the Sail〉(1896년). 이 작품으로 '빛의 대가'로서의 명성이 더욱 굳건해졌다.

호세 히메네스 아란다José Jiménez Aranda가 그린 〈호아킨 소로야 Joaquín Sorolla〉(1901년)

호아킨 소로야(1863~1923년)

발렌시아에서 태어나 부모님이 돌아가신 후 이모 손에 자란 호아킨 소로야는 1888년 클로틸데와 결혼했다. 이 젊은 부부는 결혼 후 마드리드에서 살기 시작했다. 해변의 노동자를 그린 작품과 초상화, 미국에서 의뢰받은 대형 작품들로 소로야는 당대 최고의 화가가 되었다.

소로야의 작품 세계는 구상figurative 회화와 인상주의, 루미니즘luminism을 아울렀다. 그 가운데서도 빛을 포착해 사실적인 효과를 만들어내는 데 집중했다. 소로야의 명성이 높아지면서 부부는 마드리드 외곽의 참베리Chamberi에 집과 정원을 꾸밀 수 있었고 1911년 아이들과 함께 보금자리를 옮긴다. 소로야는 작품 활동을 위해 이곳저곳을 돌아다녀야 했지만, 언제나 이 마드리드의 집으로 돌아왔고 이 정원을 영감의 원천으로 작업했다.

〈세비야 알카사르 궁전의 뜰 Court of the Dances, Alcázar, Sevilla〉(1910년). 소로야의 눈길을 끌었던 이 뜰을 비롯해 스페인 남부에서 보았던 정원 디자인들이 마드리드 정원 설계에 영향을 주었다.

위대한 스페인 화가는 많지만 '빛의 대가'라 불리는 화가는 유일하다. 호아킨 소로야는 이제 막 발달하기 시작한 사진술이 유럽 사람들의 흥미를 자극하던 시기에 활동했다. 빛에 사로잡혀 사진 이미지만큼 선명한 그림을 그려내는 것을 자신의 사명으로 삼았다.

소로야는 고향 발렌시아Valencia의 해변을 배경으로 동물과 아이들, 일하는 사람들을 그린 그림들로 유명하지만 초상화와 풍경화, 특히 정원 풍경화도 많이 남겼다. 그는 자연과 야외 풍경을 사랑했고 그라나다Granada와 세비야Seville의 대형 정원을 그리곤 했다. 여건이 갖추어진 후에는 마드리드에 직접 설계한 자신의 정원을 꾸몄으며 이 정원은 이후 많은 작품에 영감이 되었다.

빛을 포착하다

호아킨 소로야 이 바스티다Joaquín Sorolla y Bastida는 1863년 발렌시아에서 태어났고 겨우 두 살에 콜레라로 부모를 잃었다. 이모가 그를 키웠고 자물쇠 제조공이었던 이모부 밑에서 일을 돕기도 했다. 당시 발렌시아 인구의 35퍼센트만 글을 읽었을 정도로 교육의 기회가 흔치 않았지만, 다행히 학교에 다닐 수 있었다. 그림 수업을 들으며 그의 예술적 재능을 드러냈다.

열다섯 살에 발렌시아에 있는 산카를로스왕립미술아카데미Real Academia de Bellas Artes de San Carlos에 자리를 잡았고 유명 사진작가 안토니오 가르시아Antonio García의 일을 도우며 용돈을 벌었다. 소로야는 가르시아와의 사진 작업을 통해 경제적이며 정서적인 도움을 받았을 뿐만 아니라 그의 작업에 감탄하고, 또 실망하며 사진술에서 굉장한 영향을 받았다. 평생에 걸쳐 분야를 막론하고 방대한 양의 사진 작품들을 수집했다. 어쩌면 스무 살의 소로야가 가르시아의 딸 클로틸데Clotilde에게 푹 빠진 것은 필연적인 일이었을지 모른다. 오랜 시간 두 사람은 깊은 사랑을 증명했고 1889년 결혼 후 마드리드로 이동했다.

소로야는 언제나 야외 작업을 좋아했다. 이제 도시에서는 볼 수 없는 모습이었지만, 해변에선 여전히 소와 말이 배를 끌어 올렸고 그는 이곳에서 일하는 사람들을 캔버스에 담았다. 마드리드의 한겨울에는 어쩔 수 없이 실내 작업을 해야 했지만 날씨만 허락되면 언제든 밖으로 나가 아이들 마리아Maria와 호아킨Joaquín, 엘레나Elena를 모델로 그림을 그렸다. 1906년 첫째 딸 마리아가 결핵을 앓게 되자 친구가 빌려준 파르도Pardo산에 있는 집에 머물며 맑은 공기를 쐬도록 했다. 이곳에서 마리아를 그린 〈파르도산에서 그림을 그리는 마리아Maria Painting in El Pardo〉(1907년)를 보면 무릎에 물감 상자를 올려두고 그림을 그리는 딸을 지켜보는 애정어린 시선이 느껴진다. 〈라 그랑하의 정원에 있는 마리아Maria en los Jardines de la Granja〉(1907년)에서 확인할 수 있듯 마리아는 1907년 여름 즈음 건강을 회복했다.

소로야는 그와 필적했던 동시대 화가 존 싱어 사전트John Singer Sargent와 마찬가지로 스페인 남부에도 머물렀고 1909년에는 그라나다의 알람브라Alhambra 궁전, 그 이듬해에는 세비야의 알카사르Alcázar 궁전을 여러 차례 그리며 평생 지속될 정원 모티프에 대한 흥미를 키웠다.

"늘 바라왔던 대로
그림을 그리고 있다.
빛 속에서…"
- 호아킨 소로야(1889년)

마드리드 참베리의 집

경제적 여유를 갖게 된 소로야 가족은 1911년 마드리드 외곽에 있는 녹음이 우거진 참베리의 파세오 델 헤네랄 마르티네스 캄포스Paseo del General Martinez Campos 37번지에 집을 지었다. 작업에 집중할 수 있는 편안한 집을 원했던 소로야는 집과 작업실, 정원을 설계하고 건축 과정을 직접 감독했다. 집은 가족들의 안식처일 뿐만 아니라 새로

• 〈소로야의 정원Garden of the Sorolla House〉(1918년). 소로야가 그라나다의 정원들을 보고 만든 제2정원의 연못과 도랑

운 영감의 원천이 되었다.

중앙에 분수가 있고 사이프러스cypress와 협죽도oleander를 심은 안달루시아andalusia 양식의 안뜰에서 알 수 있듯 스페인 남부의 영향을 많이 받았다. 또한 전통 공예품을 좋아했던 소로야는 세비야의 트리아나Triana 공장에서 나온 푸른색 타일과 흰색 타일로

- • 사진작가 안토니오 가르시아의 딸이자 소로야의 아내인 클로틸데를 그린 〈정원의 클로틸데 Clotilde in the Garden〉(1919~1920년). 파란색과 흰색 타일로 이뤄진 테두리 장식이 눈에 띈다.
- •• 소로야가 무척 좋아했던 전통 도예 타일이 잘 표현된 〈소로야의 집 뜰The Courtyard of the Sorolla House〉(1917년)

뜰을 꾸몄고 안쪽 통로에는 초록색 타일과 노란색 타일로 판을 짜 넣었다. 이 타일 판은 소로야의 친구 도예가 루이스 데 루나Ruiz de Luna가 운영하는 탈라베라 데 라 레이나 Talavera de la Reina 공장에서 전통 제작법을 되살려 만든 것이었다. 외부 계단으로 올라가는 소로야의 작업 공간에는 캔버스를 만들고 보관하는 방과 안쪽 뜰을 내려다볼 수 있는, 층고가 높은 작업실을 만들었다. 작업실은 고객들을 맞이하고 작품을 보여주는 공간이기도 했다.

작업 공간이 되는 정원

소로야는 세비야와 그라나다에서 둘러보고 작품에 담기도 했던 이슬람 정원에서 영감을 받아 정원을 설계했다. 물을 활용한 건축 요소, 뚜렷한 구조, 편안한 느낌이 특징인 이슬람 정원은 야외 활동을 위한 공간으로 만들어졌지만, 사실은 소로야의 작업 공간으로서 더 큰 의미를 지녔다.

집 앞쪽에 꾸며진 '제1정원'은 세비야 알카사르 궁전의 영향이 가장 많이 느껴지는 공간으로 중앙 입구로 이어지는 계단 양옆으로 나중에 심은 오렌지나무와 종려나무palm가 늘어서 있다. 작은 직사각형 연못을 바라보는 북쪽 벽에는 돌을 쌓아 커다란 벤치를 만들고 세비야의 멘사케Mensaque 공장에서 주문한 새 타일로 장식했다. 정원의 모퉁이마다 회양목과 은매화로 만든 낮은 정형 생울타리가 향기로운 스탠더드 장미 standard rose 화단을 둘러싸고 있고 작고 화려한 신新 스페인 양식의 정사각형 테라코타 타일로 꾸민 길이 나 있다.

소로야는 입구 공사를 진행하며 작업실과 가장 가까운 '제3정원'도 설계했다. 이

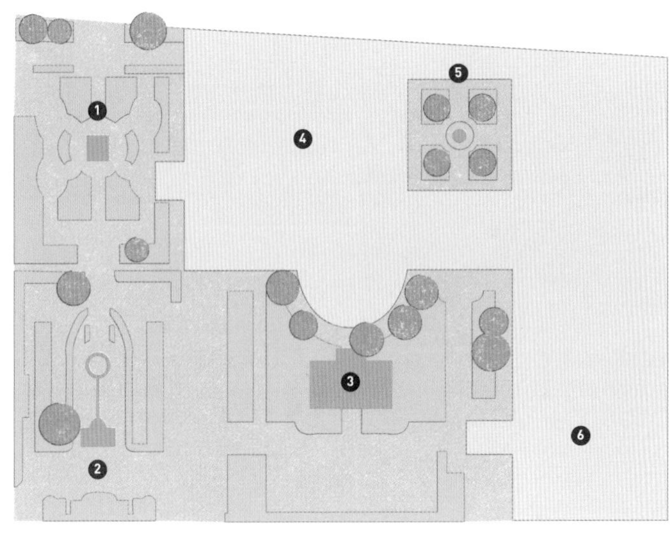

참베리의 정원

1 제1정원
2 제2정원
3 제3정원
4 집
5 안달루시아 양식의 안뜰
6 작업실

정원은 커다란 백합 연못을 특징으로 하는데 지금은 1975년에 설치된 프란시스코 마르코 디아스 핀타도Francisco Marco Díaz-Pintado의 청동 조각품 〈믿음의 샘Fuente de las Confidencias〉으로 둘러싸여 있다. 소로야가 작업 도구들을 걸어놓곤 했던 대형 퍼걸러가 설치되었고 낮은 회양목 생울타리를 두르고 진달래와 수국을 비롯한 관목들을 심었다. 제3정원의 또 다른 특징인 파란색 타일과 흰색 타일로 꾸민 테두리 장식은 소로야의 몇몇 작품에서도 눈에 띄는데, 길게 늘어선 분홍색 꽃무wallflower 앞에 앉아 있는 아내 클로틸데를 그린 1919년 작품에 특히 잘 표현되었다.

소로야는 1917년 겨울 그라나다로 떠난 마지막 여행에서 새로 꾸밀 제2정원을 구

A JOAQVIN SOROLLA

상하며 여러 아이디어를 모으고 있었다. 그는 제1정원과 제3정원을 잇는 제2정원의 설계를 가장 고민했고 계속 바꾸어가며 여러 차례 설계도를 그렸다.

제2정원에는 그라나다 알람브라 궁전의 영향이 뚜렷하게 드러나며 꼭대기를 조각품으로 장식한 흰색 기둥 등에는 로마 예술도 일부 반영되었다. 제2정원의 특징은 작은 분수를 지나 남북으로 흐르는 수로인데, 이 물로 뜰의 열을 식힌다. 화분에 담긴 재스민, 펠라르고늄, 수국도 이 수로의 물로 하얗게 꽃 피우고 스탠더드 장미와 최근에 추가된 멕시코 오렌지 꽃Mexican orange blossom에도 물을 준다. 정원 끝에는 1916년 소로야가 선물 받은 로마 조각상을 세웠다.

세 정원은 각각 따로 설계되어 꾸며졌지만 계단, 타일로 장식된 길, 돌기둥과 벤치, 테라코타 화분, 조각상 그리고 물을 활용한 요소들이 조화롭게 결합되었다.

의미 있는 식물들

정원을 꾸미는 이들이 그렇듯 소로야도 자신에게 큰 의미가 있는 곳에서 정원의 식물들을 구해왔다. 생울타리를 만들기 위해 그라나다에서 구해온 은매화 외에도 특별한 의미가 있는 나무와 풀로 정원을 꾸몄다. 봄이면 만개하는 분홍색 꽃을 특징으로 하는 유럽박태기Cercis siliquastrum도 그중 하나이다. 소로야는 1911년 가족들과 마드리드로 보금자리를 옮기면서 사랑의 나무로 알려진 이 유럽박태기 한 그루를 집 앞에 심었다. 이 나무는 초기 작품 〈사랑의 나무El árbol del amor〉(1902~1904년)에서도 찾아볼 수 있다.

정원은 소로야와 가족들의 휴식 공간인 동시에 작품 활동을 위한 최적의 환경이었다. 당대 스페인 화가들 사이에서 유행한 작업 방식인 야외 작업을 선호했던 소로야

• (왼쪽 위부터 시계방향) 제1정원; 안달루시아 양식의 안뜰; 타일로 장식된 작업실로 올라가는 계단; 제3정원의 연못과 청동 조각품; 타일 돌 벤치; 제2정원; 돌로 만든 분수와 물받이가 있는 벽; 복제하여 퍼걸러 아래 전시해둔 마리아노 베닐루어Mariano Benlliure의 〈호아킨 소로야의 흉상〉

〈나의 정원의 하얀 장미White Roses from my Home Garden〉는 소로야가 뇌졸중으로 쓰러져 작업을 모두 중단해야 했던 1920년에 그린 작품이다.

는 식물을 보다 정확하게 표현하기 위해 알람브라의 정원에서 작업했던 마리아노 포르투니Mariano Fortuny(1838~1874년)와 같은 길을 걸었다. 나이가 들어갈수록 정원은 주요한 창조의 원천이 되었다. 그는 자신의 정원을 포함해 총 140여 점의 정원 그림을 그렸다.

정원을 그린 후기 작품 중 하나인 〈소로야 가족의 정원The Gardens at the Sorolla Family House〉(1920년)

스페인의 모습

소로야가 노년을 쏟아부은 작품의 작업 과정은 여러 의미로 대장정이었다. 부유한 후원자 아처 밀턴 헌팅턴Archer Milton Huntington을 통해 미국히스패닉소사이어티Hispanic Society of America로부터 소사이어티 미술관에 전시될 〈스페인의 모습Vision of Spain〉 연작을 의뢰받았다. 15만 명이 관람한 1909년 전시와 이후 1911년 전시까지 두 차례의 미국 순회 전시로 소로야를 향한 미국의 관심이 불타오르는 상황이었다. 새롭게 의뢰받은 작품은 바스크Basque 지방부터 안달루시아까지 스페인 지역 곳곳의 분위기를 담아내는 것이었다. 1912년 소로야는 4미터 높이의 캔버스 14개로 이루어진 작업을 시작했고 7년이 지나서야 완성할 수 있었다.

스페인의 여러 지역을 옮겨 다니며 작업하는 동시에 전시회를 위해 미국을 오가는 일정은 그에게 타격을 주었다. 소로야는 클로틸데에게 보내는 여러 통의 편지에서 길 위에서의 생활과 많은 작업량으로 인해 몸과 마음이 지쳤고 '타오르는 불꽃'처럼 에너지를 쏟고 있다고 말했다. 집으로 돌아온 소로야는 몹시 마르고 아픈 상태였다. 그리고 1920년 정원 퍼걸러 아래에서 그림을 그리던 중 뇌졸중으로 쓰러져 마비를 극복하지

소로야 연대기

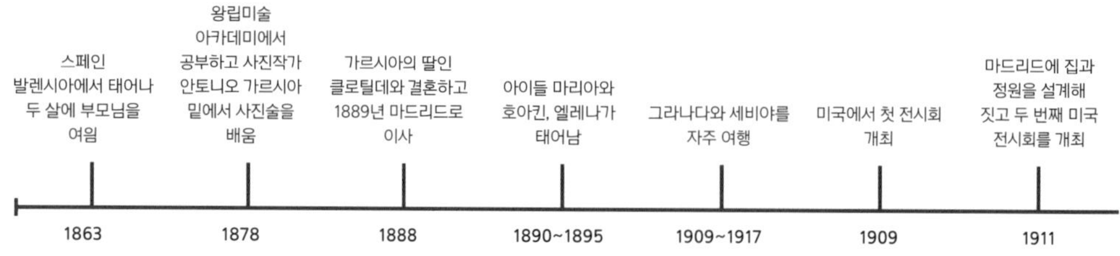

못했다. 이후로 소로야는 다시 그림을 그리지 못했다. 1922년 6월 딸 엘레나의 결혼사진을 보면 비록 쇠약해지긴 했지만, 가족과 함께 굳건히 자리를 지키고 있는 소로야의 모습을 발견할 수 있다.

총 길이가 200미터에 달하는 소로야의 기념비적인 작품 〈스페인의 모습〉은 그가 숨을 거두고 난 1926년에야 뉴욕의 히스패닉 소사이어티 미술관에 설치되었다.

20세기 초 지어졌던 건축물들이 세기 후반의 주택들로 바뀌는 동안에도 마드리드의 참베리에는 늘 녹음이 우거졌다. 소로야가 보던 풍경보다 더 짙은 그늘이 드리운 그의 집은 나무와 건물에 둘러싸인 안식처가 되었다. 클로틸데는 집과 정원을 그대로 스페인 정부에 기증했고 1932년에는 대중에 공개되었다. 지금도 마드리드의 모든 미술관이 무료입장인 일요일이면 많은 이들이 소로야의 집을 찾고 있다. 정원의 퍼걸러 아래에는 소로야의 흉상이 자리하고 있고 작업실에는 마치 소로야의 전성기처럼 마드리드의 뛰어난 예술가와 유명 인사들이 끊임없이 모여든다. 빛의 대가는 그의 시대를 되찾았다.

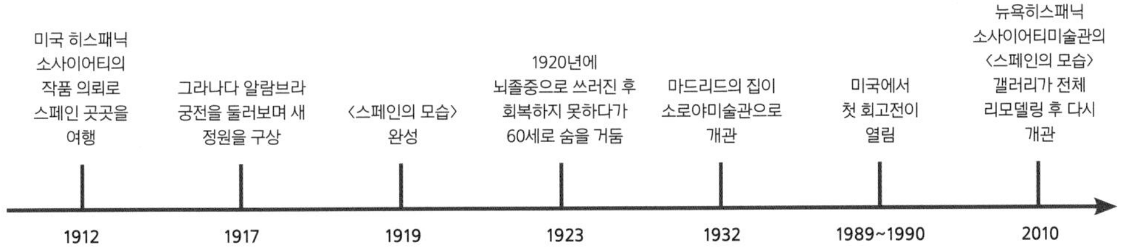

앙리 르 시다네르Henri Le Sidaner

제르베루아Gerberoy, 피카르디Picardie, 프랑스

• 개조한 헛간을 작업실로 썼던 제르베루아의 집에서 1930년 즈음 찍은 르 시다네르의 모습
•• 목사관이었던 집 뜰에서 그린 〈햇살 속의 테이블The Table in the Sun〉(1911년). 르 시다네르 작품의 특징인 일상의 사물들이 담겨 있다.

마리 두앙Marie Duhem이 그린 초상화 〈앙리 르 시다네르 Henri Le Sidaner〉(1894년)

앙리 르 시다네르(1862~1939년)

르 시다네르는 프랑스의 파리, 브르타뉴Brittany, 베르사유Versailles와 영국 런던, 이탈리아 베네치아에서도 작업했지만 작품에 가장 큰 영감을 준 장소는 프랑스 북부 제르베루아의 집과 정원이었다. 집에서 완성한 유화와 파스텔화만 합해도 90점이 넘고 50여 점의 습작도 남겼다. 하얀 정원과 장미정원, 테라스를 담은 작품이 많은데 이 테라스에 앉아 가족들과 식사를 하고 로댕과 시고, 벨기에 시인 에밀 베르하렌Émile Verhaeren을 비롯한 친구들과 즐거운 시간을 보내곤 했다. 노년의 르 시다네르는 친구들이 모두 돌아간 뒤 다시 작업실에 앉아 저녁이 다 되도록 함께 시간을 보낸 정원의 분위기를 작품에 담아냈다. 해 질 녘의 사라져가는 빛 속의 익숙한 집 안 풍경들이 그가 가장 좋아하는 소재였다. 프랑스에 남아 있는 르 시다네르의 작품은 몇 안 되며 대부분 개인 소장품이거나 로마, 빌바오, 마드리드, 쾰른, 뉴욕, 시카고, 필라델피아와 영국의 갤러리가 소장하고 있다.

앙리 르 시다네르는 클로드 모네, 에두아르 뷔야르Édouard Vuillard와 동시대의 예술가로, 당대에는 이들과 함께 위대한 화가로 큰 성공을 누렸지만 사후에 명성이 잦아들어 알려진 작품이 많지 않다. 야외 작업을 중요시한 인상파는 아니었지만 정원을 소유한 정원사이자 화가로서 소수의 특권을 누리며 피카르디에 있는 자신의 정원을 비롯해 수많은 정원을 그린 '정원의 화가'가 되었다.

비평가들은 르 시다네르의 작품을 후기 인상주의 스타일에 점묘법을 활용했다고 평가했지만, 그는 어느 하나의 이름으로 명명되거나 무리 지어지는 것을 원치 않았다. 다만 꼭 이름이 필요하다면 '앵티미스트(인상파 이후의 프랑스 화단의 한 유파, Intimist)'라 불러달라 말했다.

평범함을 벗어나

르 시다네르는 어렸을 때부터 언제나 평범한 길을 거부했다. 그는 1862년 프랑스령 모리셔스Mauritius에서 태어났고 이후 부모님과 함께 프랑스로 넘어와 파드칼레Pas de Calais 해변의 됭케르크Dunkirk에서 살았다. 르 시다네르는 선적 중개업을 하던 아버지가 응원했을 리 없는 예술가의 진로를 선택했지만 포기하지 않고 파리로 떠나 여러 번의 탈락 끝에 마침내 명망 있는 에콜 데 보자르에 합격했다.

1885년 도시 생활이 지루하고 답답해진 르 시다네르는 프랑스 북부 오팔 코스트Opal Coast의 에타플Étaples에 있는 화가 마을에 합류했다. 그곳에서 평생의 친구인 외젠

시고Eugène Chigot와 앙리 두앙Henri Duhem을 만나 바다와 항구, 마을을 그리며 잡힐 듯 잡히지 않는 빛의 세계를 포착하고자 했다.

제르베루아의 집

에타플에도 지루함을 느낀 르 시다네르는 이후 아내가 되는 젊은 파리지앵 카미유 나바르Camille Navarre와 함께 에타플을 떠난다. 1899년 두 사람은 파리 남서쪽에 있는 베르사유에 자리를 잡았고 작품이 잘 팔리면서 파리의 유명한 조르주 프티Georges Petit 갤러리와 계약을 맺었다. 그 후 30년 동안 르 시다네르가 어디에서 그림을 그리든 모든 작품은 나무 상자에 포장되어 프티에게 보내졌고 그를 통해 판매되었다.

르 시다네르가 작품의 소재로서 정원에 관심을 두기 시작한 것은 베르사유 정원에서였다. 이제 가장이 된 그는 두 아들 레미Rémy, 루이Louis와 함께 앙드레 르 노르트André Le Nôtre가 태양왕 루이 14세를 위해 만든 이 역사적인 정원을 둘러보곤 했다. 하지만 그에게 영감을 준 것은 정원의 전망이나 웅장한 규모는 아니었다. 르 시다네르는 계단과 정원사의 오두막, 작은 파빌리온, 문과 문간, 뜰, 활짝 핀 봄꽃 위로 뿜어지는 분수처럼 친근하고 일상적인 소재를 좋아했다. 비평가들이 상징주의 미술로 평가하곤 했던 요소들은 이미 베르사유에 오기 전에 모두 사라진 상태였다. 그의 삶뿐만 아니라 예술도 전환점을 맞이하는 시기였다.

언제나 도시보다 한적한 시골에서 행복을 느꼈던 르 시다네르는 새로운 방향으로 작업을 발전시켜나갈 보금자리를 찾기 시작했다. 조각가 오귀스트 로댕은 프랑스 북부에 있는 아름다운 성당 마을 보베Beauvais를 추천했고 또 다른 친구인 도예가 들라에르

슈Delaherche는 르 시다네르가 1901년 3월에 방문했던 제르베루아의 마을을 권했다.

르 시다네르는 고저택들과 우아즈Oise강 위로 놓인 작은 다리가 있는 제르베루아의 조용한 중세 마을에 매료되었다. 그는 교회와 붙어 있는 교구 소유의 기다란 2층짜리 목사관을 빌려 지내다가 몇 년 후 이곳을 매입했다. 오래된 중세 성 터에 지어진 이 목사관은 이후 30년 동안 르 시다네르가 애정을 쏟아 관리하는 정원이자 가족들의 여름 별장이 되었다.

정원 만들기

제르베루아로 거처를 옮기면서 르 시다네르의 작품에는 인상주의에 가깝긴 하나 풍경보다는 창문과 테라스, 집 안 풍경 등 보다 익숙한 소재를 택했던 '앵티미스트'의 성향이 분명해졌다.

그는 제르베루아에 만든 새 정원을 그리는 일에 열성적이었다. 파리에서 동틀 녘과 해 질 녘, 달밤의 빛을 성공적으로 그려낸 후 빛을 포착하여 표현하는 작업에도 열정을 쏟았다. 르 시다네르는 정원과 빛, 이 두 가지 소재에 평생을 사로잡혔다.

르 시다네르는 정원을 나누어 각 부분을 하나의 색으로 꾸몄다. 처음에 집과 함께 매입했던 앞쪽 정원은 흰색으로 꾸몄는데 켄트Kent 시싱허스트Sissinghurst에 있는 유명한 비타 색빌웨스트의 하얀 정원보다 30년이나 앞선 것이었다. 추가로 땅을 매입하며 정원을 조금씩 확장하여 전체 정원의 규모가 3,000제곱미터에 달했다. 금빛 회양목과 노란색 장미로 만든 노란 정원과 페로브스키아Perovskia, 삼쥐손이hardy geranium, 파란색에 가까운 '퍼시픽드림Pacitif Dream' 장미로 채운 파란 정원이 하얀 정원 위쪽에 자리 잡았

빛을 그려내다

르 시다네르는 야외나 여름 작업실atelier d'été에서 그림을 그렸다. 마무리 작업은 오래된 헛간을 개조해 만든 실내 작업실에서 했다. 해 질 녘의 빛에 사로잡힌 그는 이 시간의 분위기를 탁월하게 포착해냈다. 어두워져 가는 집 밖의 풍경과 집 안 창문에서 새어 나오는 오렌지색 불빛의 상반되는 분위기를 실험적으로 그려냈다. 〈하얀 정원의 테이블The Table in the White Garden〉은 제르베루아에서 작업한 초기 작품으로 이후 평생에 걸쳐 비슷한 구도의 그림을 수백 번 그리며 빛을 완벽하게 그려내고자 했다.

• 〈하얀 정원의 테이블〉(1906년)
•• 1920년 정원에서 그림을 그리고 있는 르 시다네르
••• 〈5월의 저녁May Evening〉(1934년)

다. 그는 여러해살이 식물을 마을 농원에서 구하고 장미와 진달래는 멀지 않은 보베 지역에서 구해왔다.

중세 성 터에 지어진 집이었기에 정원에도 성의 흔적이 많이 남아 있었는데 르 시다네르는 이 돌을 쌓아 테라스를 보호하는 돌난간을 만들었다. 정원을 설계하기 바로 전에 이탈리아 보로메오Borromean섬에서 작업했던 그는 테라스에 이탈리아 건축의 영향을 뚜렷하게 반영했다. '돌이 굴러떨어지는 정원the garden of falling rocks'이라 불린 이 테라스 정원에는 장미와 수국을 심었는데 르 시다네르는 모양과 색이 다양한 수국을 특히 좋아했고 그중에서도 둥그런 모양의 흰색 몹헤드mopheads 수국을 제일 좋아했다.

르 시다네르는 정원을 만드는 과정에서 발견한 오래된 기독교 조각상을 정원 곳곳에 배치했다. 나중에는 성의 방어용 해자가 있던 대지까지 매입했다. 이 대지 끝에 있던 낡은 둥근 탑을 기반으로 베르사유 사랑의 신전Temple of love을 본떠 반구형의 둥근 지붕이 있는 파빌리온을 세웠다. 르 시다네르와 손님들은 푸른 지붕과 나무 기둥으로 이뤄진 파빌리온에 올라 피카르디의 전원 지대를 아주 멀리까지 바라보곤 했다.

피카르디의 장미

르 시다네르는 위쪽 테라스에 당시 최신 품종의 장미들로 장미정원을 만들었는데 그중 짙은 분홍색 덩굴장미 '엑셀사Excelsa'와 조금 연한 분홍색 '도로시 퍼킨스Dorothy Perkin' 장미는 꽃이 두 배나 많이 피는 품종이었다. 그는 장미 지지대로 쓸 철제 아치를 설계해 마을 대장장이에게 제작을 의뢰했다. 아치의 높이가 1.5미터밖에 되지 않아 키가 큰 손님은 지나가기 어려웠지만 장미를 아주 가까이에서 볼 수 있었다. 르 시다네르

"그림을 향한
커다란 사랑으로
모든 화가를 사랑한다…
진심을 담아 그린다면
누구든."
- 앙리 르 시다네르(1931년)

는 이탈리아에서 보았던 정형정원들과 1908년 방문한 햄프턴코트 궁전의 영향도 받은 것으로 보이는데 장미 아치를 지나 중앙의 돌 세면대와 받침대로 시선을 이끄는 조망과 완벽한 기하학적 구조를 갖춘 아주 뛰어난 정원을 설계했다.

1916년 프랑스의 연인을 애타게 그리는 영국 병사가 쓴 가슴 아픈 노랫말의 〈피카르디의 장미Roses of Picardy〉로 인해 피카르디 하면 장미를 떠올리는 사람이

• 〈교회 옆의 집, 제르베루아The House by the Church, Gerberoy〉(1932년)
•• 이탈리아 건축의 영향을 받은 '돌이 굴러떨어지는' 장미 테라스 정원

• 가장 먼저 만든 집 앞 평지의 하얀 정원

•• 〈해 질 녘의 하얀 정원The White Garden at Twilight〉(1913년).
르 시다네르가 좋아한 흰색 수국이 잔디를 둘러싸고 있다.

• 낮은 철제 아치를 설계해 아치를 지나며 아주 가까이에서 장미를 볼 수 있게 했다.
•• 꽃을 밝히는 해 질 녘의 부드러운 빛이 담겨 있는 〈해 질 녘의 장미정원The Rose Garden at Dusk〉(1923년)

많아졌지만 사실 이 지역의 '장미 사랑rose fever'은 전쟁이 일어나기 훨씬 전부터 시작되었으며 르 시다네르의 영향이 컸다. 그는 제르베루아에 정착한 지 얼마 되지 않아 마을의 고위 관리들을 설득하여 시청Mairie과 광장 앞에 두 개의 장미 덤불을 심었다. 이후 1904년에는 마을 사람들에게 집 앞에 장미 두 송이를 심어달라 부탁했고 대부분 그의 말을 따라주었다. 색이 조화롭도록 그가 세심하게 신경 쓴 덕분에 원래도 그림 같던 제르베루아의 풍경에 아름다운 꽃들이 더해졌고 르 시다네르는 1908년 첫 장미축제Fête des Roses 개최를 이뤄내기까지 했다. 지금도 장미축제가 열리는 6월 셋째 주 일요일이면 제르베루아 거리 곳곳이 꽃과 꽃수레로 가득 꾸며진다.

• (왼쪽 위부터 시계방향) 르 시다네르가 일상을 담은 작품을 많이 그린 목사관의 안뜰; 위쪽 테라스의 장미정원; '퍼시픽드림' 장미; 파란 정원으로 올라가는 계단; 펠릭스 알렉상드로 데뤼엘Félix Alexandre Desruelles의 〈앙리 르 시다네르의 흉상〉; 성 터의 돌로 만든 테라스와 전망이 좋은 파빌리온; '엑셀사' 장미

베르사유 사랑의 신전을 본떠 중세 탑을 보수하고 반구형 지붕을 올려 만든 파빌리온

그림자를 걷어내고

르 시다네르는 프랑스를 비롯한 유럽과 미국에서 작품을 전시했고 살아 있는 동안 4,000여 점을 팔았다. 하지만 1931년 그의 작품을 맡아 판매하였던 조르주 프티 갤러리가 문을 닫으면서 50년이 넘도록 조국 프랑스에서 잊힌 화가가 되었다. 그의 작품 대부분은 외국으로 팔렸고 특히 미국의 수집가 윌리엄 헨리 싱어 주니어William Henry Singer Junior가 많은 작품을 매입했다. 프랑스에 르 시다네르의 작품이 많지 않은 이유에는 그가 사망한 1939년의 시대 상황도 있다. 두 아들이 제2차 세계대전에 휩쓸렸고 첫째 아들 레미가 정원을 지키며 아버지가 남긴 기억을 되살리고자 제르베루아로 돌아왔지만 르 시다네르의 설계도와 60여 점의 목판 스케치가 점령군의 장작으로 불타 없어진 후였다.

시간이 흘러 르 시다네르의 손자인 에티엔 르 시다네르Etienne Le Sidaner가 제르베루아의 집과 정원을 물려받으며 아내 도미니크Dominique와 함께 정원에 과거의 영광을 되살리는 역할을 맡게 된다. 르 시다네르가 세상을 떠난 시 70년이 지난 2008년 도미니크는 정원을 대중에게 공개하기 위한 복원 사업을 시작한다. 기금을 모으고 자원봉사자들의 도움을 받아 무성한 잡초를 모두 걷어내자 르 시다네르의 손길이 닿았던 정원의 모습이 드러났다. 제자리를 지키고 있던 고대 장미들을 가능한 한 모두 소생시키고 같은 시기에 난 장미들을 새로 채워 넣었다.

벽도 안전하게 보수되었고 사랑의 신전도 모습을 되찾았다. 정원은 몇 해 후 대중에 공개되었고 2013년에는 '뛰어난 정원Jardin Remarquable'으로 선정되었다. 프랑스 최고의 정원에 부여되는 이 칭호를 받은 제르베루아의 정원은 르 시다네르의 정원과 오래된 주목나무로 유명한 이프스 정원Jardin des Ifs 둘뿐이다.

이에 더해 제르베루아가 피카르디에서 유일한 '프랑스의 아름다운 마을Les Plus Beaux Villages de France'로 선정되면서 더 많은 사람들이 마을을 찾고 있다. 다행히도 마을의 길이 포장되지 않은 좁은 자갈길이라 차가 오가지 못해 르 시다네르가 매료되었던 순수함과 편안함이 잘 보존되고 있다. 그가 기뻐할 만한 일은 정원과 마을뿐이 아니다. 21세기 세계 곳곳의 미술관에 모네를 비롯한 위대한 프랑스 화가들의 작품과 나란히 걸려 있는 자신의 작품을 본다면 미소를 짓지 않을까. 마침내 르 시다네르의 작품들도 그의 정원처럼 그림자를 걷어내고 빛을 내고 있다.

르 시다네르 연대기

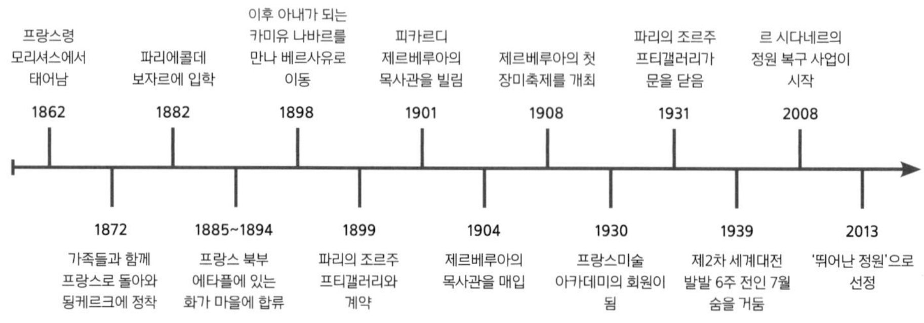

• 르 시다네르의 정원을 향한 애정과 해 질 녘의 빛에 대한 열정이 모두 담겨 있는 〈등불이 있는 탑The Tower with Lanterns〉(1926년)

에밀 놀데Emil Nolde

제뷜Seebüll, 노르트프리슬란트Nordfriesland, 독일

- 1941년 제뷜의 정원에 있는 에밀 놀데와 아다
- •• 에밀 놀데는 1927년 독일과 덴마크 국경 지대에 집을 새로 짓고 정원도 만들었는데 이 정원에는 '작은 제뷜'이라 불리는 초가집이 있었다.

1909년의 에밀 놀데

에밀 놀데(1867~1956년)

에밀 놀데는 농부의 아들이었지만 예술의 세계로 자신의 길을 개척해나갔다. 그는 나무 조각을 배우는 것으로 시작하여 당대 가장 각광받는 인상주의 화가가 되었다.

1926년 놀데 부부는 독일과 덴마크 국경의 해안 가까이 있는 습지 마을 제뷜을 알게 된다. 이듬해 끝없이 이어지는 하늘과 해안의 목초지가 있는 북부 풍경 속에 아주 돋보이는 현대적인 양식의 집을 지었다. 집 앞의 정원은 깔끔하고 가지런했으며 계절마다 정원을 가득 채운 꽃은 색채가 풍부한 놀데의 작품 소재가 되었다. 놀데는 제뷜에 머무는 동안 수천 점의 유화와 수채화를 그렸고 직접 꾸민 정원의 꽃밭을 그린 그림이 많았다.

20세기 초 가장 대담하고 눈부셨던 화가 에밀 놀데는 독일 인상주의를 이끌어나간 인물로 논란의 성화부터 땅과 바다를 담은 풍경화, 생기 넘치는 꽃 그림까지 다양한 주제를 폭넓게 다루었다. 그는 나치 시대의 혼란 속에 살았고 1927년부터 독일과 덴마크 국경 지대에 있는 제빌의 집에서 여름을 보내다 1941년부터는 이곳에 거주했다. 해안과 가까운 습지에 지은 자신의 집과 정원에 많은 이들이 찾아와 그가 느꼈던 평화와 예술적 영감의 소생을 경험하는 것이 그의 마지막 바람이었다.

슐레스비히홀슈타인Schleswig-Holstein의 마을 놀데에서 태어난 에밀 한센Emil Hansen의 아버지는 아들이 가족 농장에서 일하기 원했다. 하지만 나무 조각가가 되고자 했던 그는 집을 떠나 1892년 스위스의 공업학교에서 드로잉을 가르쳤고 엽서 만화 시리즈가 성공하면서 경제적으로 자립할 수 있었다.

1901년 유틀란트Jutland반도 북부의 어촌 릴드 스트란Lild Strand에서 여름을 보내던 중 22세의 덴마크 여배우 아다 빌스트루프Ada Vilstrup을 만난다. 두 사람은 이듬해 코펜하겐 외곽에서 결혼식을 올렸다. 부부는 결혼한 지 얼마 지나지 않아 성을 한센에서 놀데로 바꾸었고 고향 놀데의 풍경을 더욱 가깝게 느끼게 되었다.

1903년 부부는 저렴한 거처를 찾아 지금은 알스Als라 불리는 발트Baltic해 알센Alsen섬에 있는 어부의 초가집을 빌렸고 놀데는 떠내려온 나무 널빤지들로 임시 작업실을 세웠다. 당시 놀데는 땅과 바다의 풍경 속 색감의 미묘한 차이를 찾아내기 위해 고심했고 이 시기를 지나 한층 더 자신 있게 색을 쓸 수 있게 되었다고 말했다.

이후 7년 동안 놀데의 작품에는 더욱 풍부한 색채와 다양한 생각이 담겼고, 그는 인상주의를 이끌어나가는 화가로 부상했다. 그는 당대에 영향력이 컸던 두 예술가 단체에 소속되기도 했다. 하나는 드레스덴Dresden에 기반을 둔 다리파The Bridge 디 브뤼케 Die Brücke로 1906년에 활동했고, 다른 하나는 막스 리베르만(96쪽 참조)이 이끈 베를린 분리파였다. 하지만 그의 종교화 중 하나인 〈성령 강림절Pentecost〉(1908년)이 단체에서 거부되기도 하는 등 소속 활동을 그리 즐기지는 않았던 것으로 보인다.

정원을 그리다

놀데는 언제나 유틀란트반도의 북해North sea와 발트해 연안과 가까운 곳에서 편안함을 느꼈다. 주로 바다 풍경을 그리던 놀데는 새로운 소재인 정원에 큰 관심을 두게 되었는데 정원을 소재로 여러 스타일을 실험적으로 시도했다. 그는 회고록에서 정원을 그리게 된 첫 시점과 장소가 정확히 1906년 여름 알센섬이었다고 말했다. 장미의 강렬한 붉은색에 마법처럼 이끌렸고 색의 깊이를 찾고자 계속해서 더 많은 꽃을 그리게 되었다고 회상했다.

놀데는 〈나무 아래의 남자Man under Trees〉(1904년)와 〈집 앞의 장미Roses in Front of the House〉(1907년)에 너도밤나무beech와 작은 화단이 있는 알센섬의 초가집을 담았다. 이후에는 이웃들의 정원도 그렸는데 〈젊은 여인Young Woman〉(1907년)과 〈정원에서의 담소Conversation in the Garden〉(1908년)에서 볼 수 있듯 화려한 꽃밭 속의 인물들을 그리며 점점 더 대담한 색과 실험적인 기법들을 시도했다.

1916년 부부는 우텐바르프Utenwarf 서쪽 해안가에 집을 구입한다. 부부가 매입한 농가에는 남향의 정원이 조성되어 있었는데 새로 연못을 만들고 테두리 화단을 더했다. 백합과 작약, 아이리스, 장미를 비롯한 다채로운 꽃들도 가득 채워 넣었다. 놀데는

〈꽃 정원Flower Garden〉(1908년). 놀데는 1906년 여름부터 정원에서 작품의 영감을 얻게 되었고 꽃의 색감을 향한 열정은 시간이 흐를수록 더욱 강해졌다.

베를린이나 코펜하겐에 갔다 돌아올 때면 영롱한 빛깔의 꽃들이 그를 반갑게 맞아주는 것 같았다고 말했다. 이 시기에 분필 습작으로 양귀비와 해바라기, 아이리스, 백합, 패모crown imperial의 모습을 모두 남겨놓았다.

제뷜의 집

1920년 놀데의 고향인 슐레스비히홀슈타인이 남북으로 나뉘어 남부는 독일 영토로 남고 북부는 덴마크의 영토가 되었다. 새 국경을 기준으로 우텐바르프는 덴마크 쪽이었고 배수시설 정비 계획으로 집이 불안정한 상황에 처하자 부부는 새집을 찾기로 했다. 1926년 두 사람은 노르트프리슬란트의 넓게 펼쳐진 풍경 속에서 풀로 덮인 테르프terp를 보게 되었다. 테르프는 프리슬란트처럼 범람이 잦은 북부 유럽 지역에서 안전한 거주를 위해 아주 오래전부터 만든 인공 언덕이다. 놀데는 아내와 동시에 마주 보고 '이곳이야'라고 말했을 만큼 두 사람 모두 이 테르프를 마음에 들어 했다고 회고했다.

부부는 자연 상태 그대로 물이 고여 있는 습지를 바라볼 수 있는 멋진 전망에 반해 이곳을 선택했다. 보크호른Bockhorn에서 구해온 눈에 띄는 붉은 벽돌로 언덕 위에 현대적인 양식의 집을 짓고 '제뷜'이라 이름 지었다. 해의 움직임을 따라 설계하여 침실은 아침 햇살을 받을 수 있게 동향으로 배치했고 서향의 거실에는 석양빛이 들었다. 밖에서 보기에는 다소 딱딱한 느낌의 집이었지만 다양한 색감의 벽을 아다가 직접 짠 직물들로 꾸며놓아 집 안에 생기가 넘쳤다.

제뷜에 정착한 시기의 놀데 부부는 이미 노련한 정원 관리인이었다. 알센섬과 우텐바르프에서는 원래 있던 정원에 식물을 골라 채워 넣었다면 제뷜에서는 원하는 대로

1926년 에밀 놀데는 초가지붕을 얹은 제빌의 농가 한 채를 사서 새집을 짓는 동안 아내 아다와 이곳에서 지냈다.

새 정원을 설계해 만들어나갈 수 있었다. 하지만 대지에 문제가 많았다. 배수가 거의 되지 않는 땅이었고 언덕 밑에는 가축에게 물을 주는 데 사용되었던 타원형 연못이 있었다. 진흙에 모래를 수천 톤은 쏟아부어야 쓸 만한 땅이 될 정도였다. 처음에는 어떻게 손을 써야 할지 몰라 괴로웠지만 놀데는 정원 모양을 즉흥적으로 떠올렸다. 굽어진 산사나무 생울타리와 그 안에 숨겨진 화단을 생각해냈는데, 화단은 자신과 아내의 이니셜인 A와 E의 윤곽을 따라 만들어졌다. 위에서 보지 않으면 그 모양을 알아보기 어

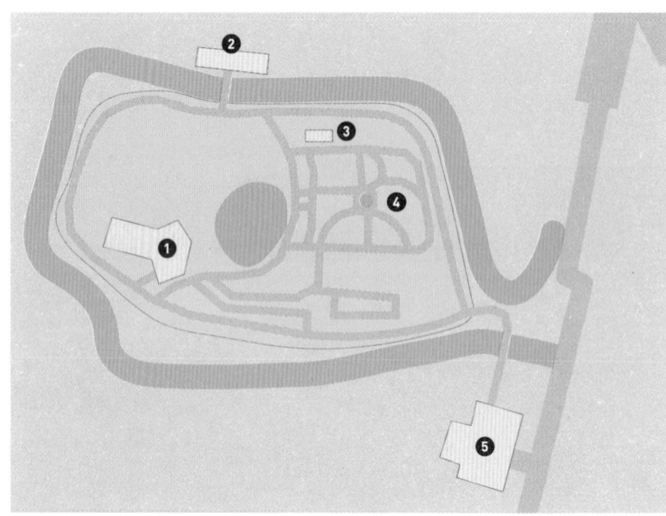

제뷜의 정원

1 놀데의 집과 미술관
2 식물원
3 작은 제뷜
4 꽃 정원
5 입구와 카페

려웠지만 둘만 아는 비밀로 남겨두는 편이 더 좋았다.

놀데는 말뚝을 박아 길을 만들고 나무와 관목의 배치를 감독했는데 마음에 드는 배치가 나올 때까지 여러 차례 위치를 바꿨다. 생울타리가 자라 어느 정도 높아질 때까지 바람으로부터 정원을 보호하기 위해 갈대 울타리를 세우고 여름부터 가을까지 그림에 담을 수 있는 다채로운 꽃과 식물을 심었다.

지난 50여 년간 놀데의 손길만큼 세심하게 관리된 제뷜의 정원은 지금도 거의 그대로 남아 있다. 작은 타원형 연못과 소박한 분수가 있는 꽃 정원에는 빨간색과 보리색, 노란색, 금빛 꽃들이 가득하다. 부부가 함께 앉아 정원을 바라보곤 했던 초가집 '작은 제뷜Little Seebüll'은 짙은 노란색으로 칠해져 있다.

놀데는 자연 그대로인 습지 풍경이 좋아 선택한 제뷜의 언덕 위에 집을 짓고 오래된 연못 아래편에 정원을 꾸몄다.

산사나무 생울타리도 부부가 좋아했던 과일나무만큼 훌쩍 자랐다. 이제는 마르멜루quinces와 야생 자두, 댐슨damsons 자두, 미라벨Mirabelle 자두 대신 '아카테 폰 클란스뷜Agathe von Klanxbüll'이나 희귀 품종인 '레네테 폰 제뷜Renette von Seebüll' 등 지역 사과가 자라고 있다.

놀데가 60세가 된 1927년에 제뷜의 집 1층에 작업실이 완성되었다. 그의 필요에 따라 꾸민 첫 실내 작업실이었다. 예술가의 작업실은 함부로 침범할 수 없는 안식처가

"활짝 핀 향기로운 꽃 속에
앉아 있거나 그 사이를 거니는 시간은
너무도 고요하고 아름답다."
- 에밀 놀데(1908년)

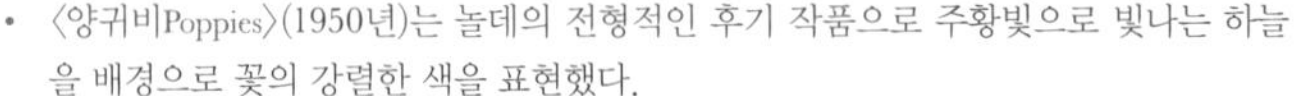

- 〈양귀비Poppies〉(1950년)는 놀데의 전형적인 후기 작품으로 주황빛으로 빛나는 하늘을 배경으로 꽃의 강렬한 색을 표현했다.

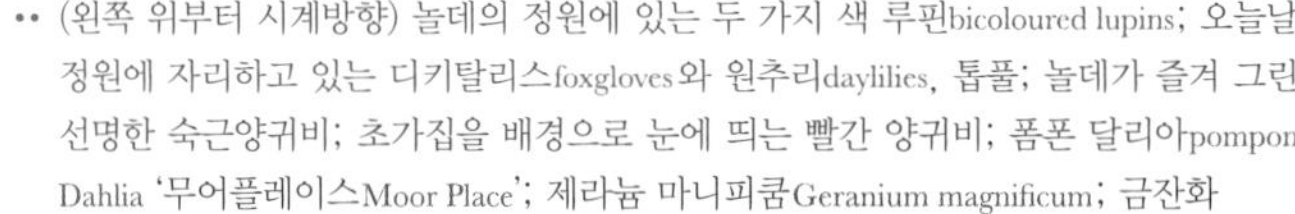

•• (왼쪽 위부터 시계방향) 놀데의 정원에 있는 두 가지 색 루핀bicoloured lupins; 오늘날 정원에 자리하고 있는 디키탈리스foxgloves와 원추리daylilies, 톱풀; 놀데가 즐겨 그린 선명한 숙근양귀비; 초가집을 배경으로 눈에 띄는 빨간 양귀비; 폼폰 달리아pompon Dahlia '무어플레이스Moor Place'; 제라늄 마니피쿰Geranium magnificum; 금잔화

되어야 한다고 믿었던 놀데는 작업실에 사람을 거의 들이지 않았고 아내도 들어오지 못하게 했다.

놀데의 꽃

제뷜에서 지내는 동안 놀데의 예술 세계에는 달리아와 해바라기, 숙근양귀비oriental poppies가 가득했다. 놀데가 색을 얼마나 사랑하는지 보여주는 선명한 색상의 꽃이었다. 봄이면 구근과 앵초primula, 금매화globeflower가 생명의 싹을 틔웠고 이어 독일에서는 터키 양귀비Turkish poppy라 부르는 다양한 숙근양귀비가 피었으며 버배스컴 올림피컴 Verbascum olympicum, 삼쥐손이, 작약, 아르기란케뭄argyranthemums도 함께 자랐다. 늦여름에는 달리아와 해바라기가 가장 눈에 띄었고 그 옆으로 금잔화pot marigold와 줄맨드라미 love-lies-bleeding가 피고 샛노란 풀기다원추천인국coneflower도 모여 피어났다.

어두운 시기

놀데는 제2차 세계대전이 종전될 때까지 히틀러와 나치를 지지했고 1934년에는 자신의 예술이 진정으로 '국민을 위한 예술'이 될 수 있다는 믿음으로 히틀러의 지역 지부에 합류하기도 했다. 1930년대에 프로이센예술아카데미에서 활동하며 1932년 쾰른에서 전쟁 전 마지막으로 열린 '현대독일미술' 전시회에 참가했다. 하지만 1937년 1,000점이 넘는 놀데의 작품이 미술관에서 내려졌고 29점이 뮌헨에서 개최된 악명 높은 '퇴폐 미

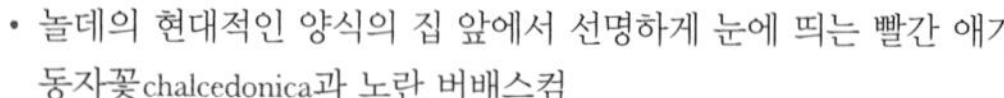

• 놀데의 현대적인 양식의 집 앞에서 선명하게 눈에 띄는 빨간 애기동자꽃chalcedonica과 노란 버배스컴

21세기 초 독일에서 재배된
에밀 놀데 장미

술전'에 전시되었다. 나치가 반독일적이며 '퇴폐적'이라고 판단한 모든 예술 작품을 없애기 위해 실시한 전면적인 숙청 작업의 하나였다. 현대 미술에 대한 히틀러의 반감은 끝이 없었고 그의 정권을 지지하는 인물이라 해도 예외가 아니었다.

놀데 부부는 덴마크 시민권이 있었음에도 불구하고 덴마크나 스위스로 떠나지 않고 독일에 남았다. 작품이 폭격당하는 것을 막기 위해 정원에 방공호를 지었다. 1941년 놀데는 독일시각예술위원회에서 제명되었으나 작품 활동을 멈추지 않았다. 유화 재료를 구하기 어려워진 후로는 작은 수채화 작품을 많이 남겼다.

전쟁이 끝난 후 놀데는 1951년까지 유화를 주로 그렸고 숨을 거둔 1956년 전까지는 수채화를 그렸다. 아내 아다가 1946년 세상을 떠난 후 26세의 요란테 에르트만 Jolanthe Erdmann과 결혼했고 요란테의 도움으로 계속 제빌에 머물며 작업할 수 있었다.

말년에는 '아다와 에밀 놀데 제빌 재단'을 설립하여 사후에 부부가 원했던 대로 유산이 운영될 수 있도록 하였고 피어난 꽃들 사이 방공호가 있는 정원에 아내를 따라 묻혔다. 오늘날 그의 정원에는 21세기 신품종으로 놀데의 이름을 딴 '에밀 놀데 장미Rosa Emil Nolde'가 색의 대가인 그가 무척이나 좋아했을 노란빛으로 활짝 피어난다.

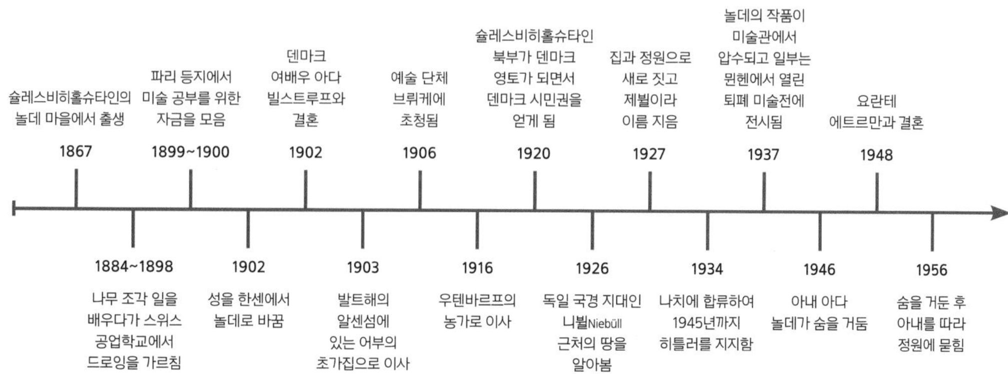

프리다 칼로 Frida Kahlo

푸른집The Blue House, 코요아칸Coyoacán, 멕시코

- 칼로와 10여 년간 연인이었던 헝가리 사진작가 니콜라 머레이가 1939년에 촬영한 프리다 칼로
- •• 역경의 삶을 산 칼로의 안식처이자 혁명가 레온 트로츠키의 피난처이기도 했던 푸른집

아버지 기예르모 칼로가 1932년에 촬영한 프리다 칼로

프리다 칼로(1907~1954년)

자신의 삶을 예술로 승화한 멕시코의 화가 프리다 칼로. 유명 화가였던 디에고 리베라Diego Rivera와 결혼했지만 순탄한 가정생활을 이어가진 못했다. 당대에는 리베라가 더 유명했지만 20세기 후반 21세기 초반에는 칼로의 작품이 훨씬 더 큰 주목을 받았다.

칼로는 전통적인 수채화부터 초현실주의 걸작까지 다양한 작품을 남겼고 의상과 집, 정원, 수집한 민속 예술품들로 자신의 내면을 화려하고 담대하게 표현했다.

멕시코 혁명 이후의 가치관을 받아들였고 다양한 문화가 섞인 자신의 배경에 감사했다. 극심한 정치적 혼란 속에 살았고 그녀의 인생 또한 그 혼란의 일부가 되기도 했지만, 방관자로 침묵하기보다 중심에 서서 행동했다. 평생에 걸쳐 200여 점의 작품을 남겼다.

오랜 시간 가려져 있던 멕시코 화가 프리다 칼로. 그녀의 작품은 1970년대 후반 페미니즘 및 정치 운동과 연관 지어지면서 국제적으로 널리 알려졌다. 오늘날 칼로는 일생 동안 겪은 몸과 마음의 고통을 담은 자전적인 작품들로 유명하다. 초현실주의 화가로 설명되는 프리다 칼로는 자신만의 독특한 스타일로 멕시코시티 근교의 코요아칸에 있는 집과 정원을 작품의 소재로 활용하는 동시에 이 공간 자체를 예술 작품으로 탄생시켰다.

푸른집

프리다 칼로가 태어나 살아가고 숨을 거둔 코요아칸의 집에는 그녀의 삶과 예술 세계를 보여주는 오랜 유산이 가득하다. '푸른집'이라 알려진 이곳은 그저 평범하지 않은 집이라고 설명하기에는 훨씬 더 특별하다. 칼로는 선명한 색상의 벽을 종교 예술과 멕시코 민속 예술로 꾸몄고 정원에는 개와 고양이뿐 아니라 거미원숭이와 앵무새, 어린 애완사슴이 칼로와 남편 디에고 리베라의 관심을 받으며 뛰놀았다. 푸른집에는 신체적 비극과 정서적 고통, 정치적 혼란이 머물기도 했지만 마지막에는 칼로와 리베라가 함께 꾸민 정원에 꽃들과 친구들의 웃음소리가 가득했다.

수 세기 전 콜럼버스가 아메리카 대륙을 발견하기도 이전에 콜후아스Colhuas 족이 '코요테의 마을'이라 이름 붙인 코요아칸은 20세기 초 프리다 칼로의 삶이 펼쳐지기 시작했을 무렵 작은 시골 마을이었다. 칼로의 부모는 1904년 이곳의 땅을 매입해 집을 지었고 멕시코시티를 오가는 교통편이 이제 막 정비된 시점에 정착했다. 1890년에 멕시코에 온 독일 태생의 아버지 기예르모 칼로Guillermo Kahlo는 처음에는 패션 주얼리 사업을 했고 이후에 사진사로 유명해졌다. 칼로는 기예르모가 두 번째 부인 마틸드Matilde와 코요아칸으로 이사 온 지 3년 만에 태어났고 1897년에 사망한 아버지의 첫째 부인 마리아 카디나María Cardena가 낳은 두 이복 언니가 있었다.

칼로의 집은 마을 광장과 가까웠고 1,200제곱미터의 규모였다. 혁명 전 시대의 전형적인 멕시코 중산층 가옥으로 U자 형태의 단층 건물 가운데 뜰이 있고 뜰 중앙에는 오렌지나무 한 그루가 있었다. 길게 난 창문을 가리기 위해 바깥쪽에 쥐똥나무를 심었고 담을 높게 쌓아 이웃집과의 경계를 구분했다. 집에는 4개의 침실과 아주 중요한 역할을 하는 파티오Patio가 있었는데 파티오 둘레의 작은 담은 항상 전통 테라코타 화분과 멕시코의 토착 식물들로 꾸며졌다.

예술가의 탄생

프리다 칼로의 어릴 적 기억에는 디아스Diaz 대통령에 대항하는 1910년 11월 20일의 봉기에서 시작된 혼란스러운 정치 사건들이 가득했고 그녀의 삶에서 정치는 중요한 부분을 차지하게 된다. 아버지의 직업 또한 칼로에게 큰 영향을 미쳤다. 칼로는 아버지의 작업실에 따라가 이미지를 포착하는 방법이나 사진을 현상하고 보정하는 기술을 배우곤 했다. 실험적인 기법으로 스스로의 모습을 사진으로 담는 아버지를 보며 칼로는 예술을 꽃피우기 위한 씨앗을 틔우고 있었다.

칼로는 15세에 명망 있는 멕시코시티 국립예비학교에 입학했고 해부학과 식물학

건축가 후안 오고르만이 칼로와 리베라를 위해 설계한 이 집은 작업실이 있는 두 건물이 연결된 형태로 부부는 1931년부터 이곳에 거주했다.

을 비롯한 생물학 분야에 소질을 보이며 의사가 될 계획을 세웠다. 강렬한 인상의 디에고 리베라를 처음 본 것도 학교였는데 당시 33세였던 리베라는 의뢰받은 학교 극장의 벽화를 작업하던 중이었다. 막 유럽에서 돌아와 공산당의 새 당원이 된 리베라는 칼로의 마음을 빼앗았고 그녀는 벽화 〈창조Creation〉를 작업하는 리베라를 지켜보았다.

하지만 운명은 칼로를 가만두지 않았다. 1925년 9월 칼로가 탄 버스를 전차가 들이받는 끔찍한 사고가 일어났다. 몇몇 사람이 죽었고 칼로는 버스의 쇠 난간이 몸을 관통하는 심각한 부상을 입고 치료를 위해 병원에서 수개월을 보내야 했다. 어느 정도 회복이 되자 집으로 돌아왔지만 극심한 통증 속에 누워만 있는 칼로에게 부모는 그림을 그릴 것을 권했다. 그녀는 침대에 누워 거울을 보며 자화상을 그렸다. 칼로는 이 사고로 다시는 학교로 돌아가지 못했다. 척추와 골반이 심각하게 손상되어 수년간 고통스러운 수술을 견뎌야 했으며 평생 이 부상에서 완전히 벗어날 수 없었다.

칼로는 자화상과 가족, 친구들의 초상화, 고향의 풍경화를 수채화로 그리기 시작했다. 이 시기 칼로는 급진적인 지식인 단체와의 교류를 원했고 1928년 공산당에 가입했다. 그러던 중 절친한 친구이자 공산당원이었던 이탈리아 사진작가 티나 모도티Tina Modotti가 칼로에게 디에고 리베라를 소개해주었다. 아내와 별거 중이던 리베라와 칼로는 연인이 되었다. 칼로는 예술가로 알려지기를 원했고 리베라는 그녀가 계속 그림을 그리며 자신의 방향을 찾아갈 수 있게 도와주었다.

미국을 오가며

칼로와 리베라는 1929년 8월 집과 가까운 코요아칸의 마을 관청에서 결혼했다. 칼로는 결혼식에서 멕시코 전통 의상을 입었고 이후의 삶에서도 이러한 전통 의상을 고수했다. 부부는 멕시코시티에 집을 마련했다. 리베라는 코요아칸의 집에 묶여 있는 빚을 갚아 칼로 가족이 경제적으로 안정될 수 있게 도왔다. 1930년 코요아칸의 집은 칼로의 소유가 된다.

두 사람은 리베라가 의뢰받은 작업을 진행하기 위해 뉴욕과 샌프란시스코, 디트로이트를 오가며 미국에서 1년을 보냈다. 칼로도 계속해 그림을 그렸고 뉴욕 센트럴파크를 사실적으로 표현한 수채화를 그리기도 했다. 1933년 산 앙헬San Ángel로 돌아왔고 후안 오고르만Juan O'Gorman이 부부를 위해 설계한, 두 건물이 연결된 집이자 작업실에 살기 시작했다.

급진적인 정치 운동에 깊이 관여하게 된 칼로는 1937년 스탈린주의자들에게 쫓기고 있던 러시아 혁명가 레온 트로츠키와 그의 아내 내털리 세도바Natalia Sedova를 코요아칸의 집에 숨겨준다. 칼로와 리베라는 바깥쪽 길에서 창문 안이 보이지 않도록 막고 집의 보안을 강화하여 위험에 처한 트로츠키 부부가 다육식물로 꾸며진 안뜰에서 편안히 쉴 수 있게 했다.

리베라는 더 확실한 보안을 위해 집 주변 대지를 추가로 매입하여 정원의 규모를 200제곱미터에서 1,000제곱미터로 확장했다. 확장한 정원을 둘러싼 담에 회반죽을 바르고 선명한 코발트블루를 칠했는데 이때부터 코요아칸의 집이 '푸른집La Casa Azul'이라 불렸다.

다시 푸른집으로

칼로와 리베라의 결혼 생활은 순탄치 않았다. 리베라는 계속해서 여러 여자와 관계를 지속했고 칼로도 트로츠키와 6개월 동안 연인으로 지냈다. 초현실주의의 주창자였던 안드레 브레톤André Breton은 칼로의 작품을 아주 높이 평가했고 칼로와 리베라는 브레톤 부부, 트로츠키 부부와 함께 멕시코를 여행하기도 했다.

1938년 칼로는 초현실주의 작품으로 유명한 뉴욕의 레비Levy 갤러리에서 전시회를 열었다. 당시 그녀는 사진작가 니콜라 머레이Nickolas Muray와 연인 관계였는데 이 관계가 칼로와 리베라 부부의 운명을 흔들었는지, 두 사람은 1939년 이혼하게 된다. 같은 해 칼로는 프랑스를 방문했고 프랑스 정부가 그녀의 작품 〈프레임The Frame〉을 매입한다. 정부가 공식적으로 매입한 첫 20세기 멕시코 화가의 작품이었다. 제2차 세계대전

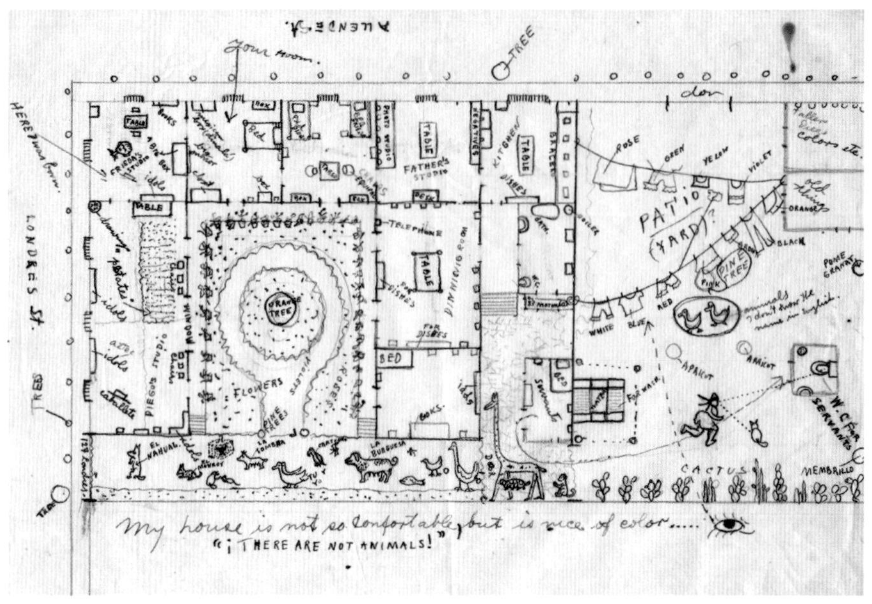

발발이 임박해지자 칼로는 멕시코로 돌아왔다. 트로츠키가 근처의 다른 곳으로 거처를 옮기면서 그녀는 다시 푸른집에서 살기 시작했다. 이 시기의 혼란은 칼로의 예술적 창조성을 불타오르게 했고 그녀는 고뇌를 작품으로 승화시켰다.

이후 칼로는 남은 치료를 위해 로스앤젤레스에 가야 했고 의사는 리베라에게 그녀를 간호해줄 것을 권했다. 부부는 1940년 12월 서로를 독립된 개인이자 예술가로 존중하는 것을 조건으로 재결합했다.

• 프리다 칼로가 그린 푸른집과 정원의 지도로 모든 식물과 동물의 이름과 모습이 사랑스럽게 설명되어 있다.

•• 기독교적 상징과 멕시코의 민속 문화 그리고 자연에 대한 사랑이 담긴 〈벌새 가시 목걸이를 한 자화상Self-Portrait with Thorn Necklace and Hummingbird〉(1940년)

Frida Kahlo. 4

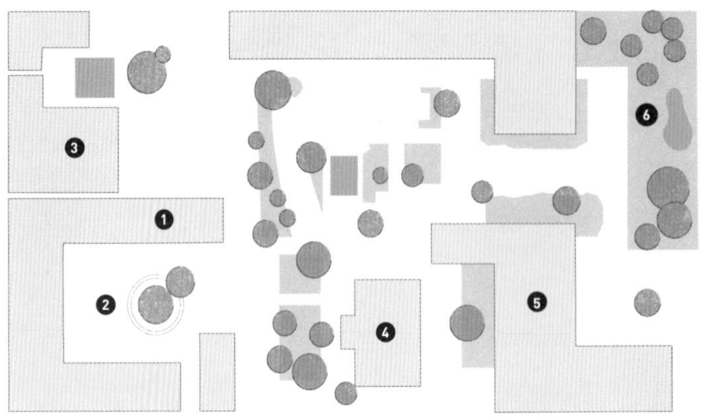

푸른집의 정원

1 집
2 오렌지나무가 있는 안뜰
3 작업실
4 피라미드
5 전시 공간
6 확장한 정원

Frida Kahlo

"코요아칸의 집과 집 안의 멕시코 가구들에 입힌 모든 색은 나의 작품에 큰 영향을 미쳤다."
- 프리다 칼로(1950년)

생기를 되찾는 정원

칼로와 리베라는 리베라의 조수 에미 루 패커드Emmy Lou Packard와 함께 푸른집에 살기 시작했고 칼로는 패커드가 구조를 알 수 있게 정원 지도를 그려주었다. 집과 정원의 요소 하나하나가 빠짐없이 담겨 이곳이 칼로에게 어떤 의미가 있는지 느낄 수 있었다. 특히 장미와 제비꽃, 소나무, 석류, 복숭아, 마르멜로를 비롯해 정원에 있는 모든 나무와 식물의 이름이 적혀 있다.

집의 건물들은 모두 단층으로 칼로가 목발을 짚고 오갈 수 있었고 나중에는 휠체어를 타고 정원을 산책하

• (왼쪽 위부터 시계방향) 1946년 건축가 후안 오고르만이 설계한 작업실; 칼로의 여러 작품에 등장하는 토착 식물들과 선명한 색채의 안뜰; 길로가 사용했던 멕시코 전통 주방 기구들이 있는 부엌; 오래된 소나무를 비롯해 지금도 많이 남아 있는 칼로의 지도 속 나무들; 부부가 수집한 민속 예술품을 볼 수 있는 작업실 아래층

곤 했다. 칼로와 리베라는 두 사람이 모아온 선사시대 예술품들을 어디에 놓을지 논의하고 계획하느라 많은 시간을 보냈는데 예술품 일부는 계단식 피라미드에 전시했다. 1937년부터 칼로는 많은 작품 속에 푸른집의 정원을 담았다. 정원을 뛰노는 동물들과 벽을 타고 오르는 부겐빌레아와 시계꽃passion flowers, 토착식물인 용설란agaves과 선인장, 유카yuccas를 비롯한 모든 것이 그녀의 예술 세계에 중요한 요소들이었다. 칼로는 늘 자신을 꽃과 식물에 둘러싸여 있거나 식물을 몸에 두르고 있는 모습으로 그렸다.

1946년 리베라는 푸른집 동쪽에 대지를 추가로 매입하여 기능주의 건축가 후안 오고르만이 설계한 현대적인 작업실을 지었다. 언제나 사람들로 북적이는 안뜰과 달리 작업실 쪽 정원은 자연 그 자체를 위한 공간이었다. 시틀레Xitle 화산 용암 지대의 화산암을 쌓아 낮은 담을 두른 정원에 식물과 예술품들을 채워 넣었다.

엘 페드레갈의 땅

1942년 칼로는 코요아칸 남쪽 엘 페드레갈El Pedregal 전원 지대에 땅을 조금 매입하기로 했다. 멕시코가 제2차 세계대전에 참전하게 되면서 부부는 직접 농사를 지어 먹을 것을 해결할 계획을 세우고 있었다. 하지만 선인장이 가득한 이 대지를 보며 리베라는 다른 계획을 세웠다. 그는 대지를 추가로 매입하여 자신의 예술 수집품을 전시할 박물관을 구상했다. 이후 이 박물관은 나와틀Nahuatl어로 '멕시코 계곡의 집'이라는 뜻의 '아나우아칼리Anahuacalli'로 이름 지어졌다. 리베라는 건축가 프랭크 로이드 라이트Frank Lloyd Wright의 조언을 얻어 후안 오고르만과 함께 주변 풍경과 자연스럽게 조화되는 양식의 건물을 설계했다. 리베라는 이후 15년 동안이나 이 박물관에 매달렸지만 그가 숨

리베라가 수집해온 선사시대 예술품들을 이 계단식 피라미드에 전시해두었다.

을 거둔 1957년까지 완공되지 못했다.

그동안 칼로는 특유의 강렬한 색상으로 다육 식물 화분부터 나무에 매달려 자라는 난초까지 푸른집 전체를 하나의 창조적인 작품으로 만드는 작업에 집중했다. 마지막 해에는 건강이 상당히 악화된 상태였지만 가능할 때면 언제나 손님들을 초대해 함께 시간을 보내곤 했다. 예술가를 지망하는 학생들과 많은 화가와 작가, 자매와 조카들 모두가 그녀를 찾아와 시간을 보냈고 집에서 일하는 요리사와 정원 관리인, 간호사의 아이들도 마음껏 정원에서 뛰어놀았다. 리베라와의 관계에서 겪은 풍파와 육체적인 고통에도 불구하고 집에는 행복이 감돌았고 칼로는 이 행복을 나누고자 했다.

현재 푸른집의 정원은 칼로와 리베라의 손길이 닿았던 모습 그대로 남아 있고 부부의 예술품과 장식물들, 선사시대 수집품들도 고스란히 자리하고 있다. 식물이 시들어 사라진 자리에는 새로 심은 식물이 자랐지만 멕시코의 예술과 문화, 역사에 대한 사랑으로 만들어진 이 공간의 다양성은 변함없이 보존되었다.

프리다 칼로의 작품은 그녀가 살아 있는 동안에는 널리 인정받지 못했다. 첫 단독 전시회도 그녀가 죽기 1년 전인 1953년 멕시코에서 개최되었다. 이후 칼로의 이름이 서서히 알려지기 시작했고 21세기에 들어서며 멕시코를 넘어 전 세계에서 상징적인 인물이 되었다. 푸른집에는 칼로가 숨을 거두기 바로 전에 작업한 선명한 색의 수박 정물화 한 점이 있는데 서명과 함께 '삶이여 영원하라Viva la vida'라는 문구가 적혀 있다. 47세에 세상을 떠나야 했던 프리다 칼로가 견딜 수 없는 고통을 마주하면서도 끝내 멈추지 않았던, 세상과 자연을 향한 열정이 이 한 줄에 담겨 있다.

칼로 연대기

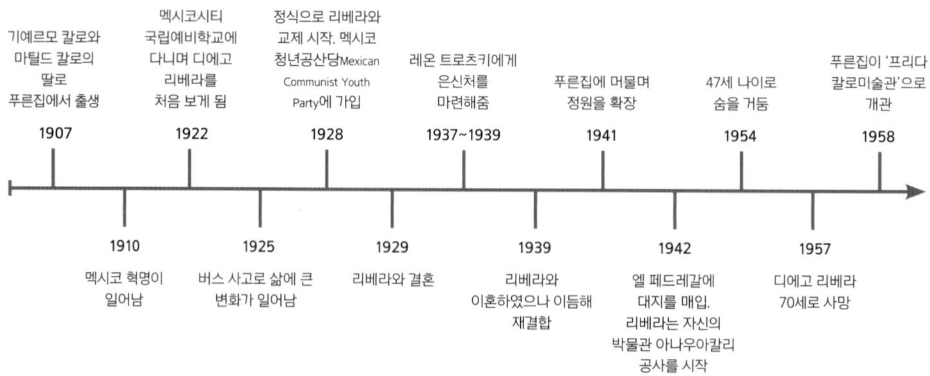

• 리베라가 지은 작업실 위층에는 칼로의 작품과 작업 도구들이 자리하고 있다. 칼로는 건강이 악화될수록 삶의 생기를 가득 담은 과일과 꽃, 자연의 색에 더 집중했다.

살바도르 달리Salvador Dalí

포르트리가트Portlligat와 푸볼Púbol, 스페인

Salvador Dalí

- 살바도르 달리와 아내 갈라. 스페인 북동부 해안 포르트리가트에 있는 집의 비둘기 탑과 테라스가 보인다.

•• 달리는 올리브나무 숲에 있는 오래된 어부들의 오두막을 하나씩 더하며 천천히 바다와 맞닿은 집을 만들어갔다.

카다케스Cadaqués에 있는 달리의 청동 등신상

살바도르 달리(1904~1989년)

달리의 작품은 1920년대와 1930년대의 초현실주의부터 1960년대와 1970년대의 팝아트 시대에 걸쳐 극예술과 영화, 조소, 설치 미술을 아우른다. 달리는 피게레스와 마드리드에서 미술을 배워 화가가 되었고 그의 삶 자체가 기민하게 다듬어진 하나의 작품이 되었다. 고향 피게레스에 극장 미술관을 세웠고 이는 달리의 영원한 유산으로 남았다.

달리는 포르트리가트의 집에서 50년을 살았고 이후에 매입하여 보수한 푸볼의 성은 아내 갈라를 위한 것이었다. 달리는 피게레스의 극장 미술관에서 말년을 보냈고 1989년 미술관 무대 지하에 마련한 자신의 묘에 묻혔다.

달리가 카탈로니아 지방에서 머물며 작업한 많은 작품에는 〈기억의 지속The Persistence of Memory〉(1931년), 〈풍경 속 사람과 천Figure and Drapery in a Landscape〉(1935년), 〈그리스도The Christ〉(1951년경), 〈갈라 플라치디아Gala Placidia〉(1952년) 등이 있다.

시대를 막론하고 독특한 예술성으로 널리 알려진 예술가 살바도르 달리. 그는 하나의 사조로 명명되는 것을 거부했다. 초현실주의자로 불리곤 하지만 20대에 이미 초현실주의를 벗어난 달리는 스스로를 '천재'라 칭했다. 삶 자체가 작품이었던 그를 설명할 수 있는 말은 이외에 없을지 모른다. 조각가이며 화가이자 창작가였던 그는 언제나 충격과 놀라움 그리고 기쁨을 선사했다.

달리의 작품은, 20세기 대부분의 시간을 보냈던 스페인 북동부 작은 마을에서 탄생했다. 그는 삶과 예술의 중심이 되었던 지역을 자기만의 방식으로 정의했다. 우주의 중심이라 말한 포르트리가트, 아내 갈라Gala를 위해 준비하고 꾸민 갈라 달리 성GalaDalí Castle이 있는 푸볼로, 그가 태어나고 묻힌 피게레스Figueres를 포함한 카탈로니아의 엠포르다L'Empordà 지역을 아우른다.

포르트리가트의 집

달리는 늘 자신의 작품을 이해하려면 포르트리가트를 이해해야 한다고 말했다. 카다케스 근처 어부들의 옛 작업장이 모여 있는 포르트리가트는 달리의 아버지가 태어난 곳이었고, 달리에게 특별한 의미가 있는 장소였다. 그로 인하여 세상의 많은 이들에게도 중요한 장소가 되었다.

1930년 달리는 포르트리가트 해변에 있는 조그마한 단층집을 샀다. 낚시 장비들을 보관하는 데 쓰였던 이 오두막은 낡은 상태였고 지붕에서는 물이 샜다. 그는 이후

50년 동안 총 10채의 오두막을 구입해 그중 6채로 집을 만들었는데 절벽 측면을 따라 단차가 있는 방을 하나씩 늘려가며 유기적으로 연결했다. 오두막마다 어부들이 여름에는 채소를 키우고 겨울에는 올리브를 거두는 작은 땅이 딸려 있었는데, 달리는 이 땅으로 정원을 만들었다.

달리의 아내 갈라의 본명은 옐레나 이바노브나 디아코노바Elena Ivanovna Diakonova로 러시아 카잔Kazan에서 태어났다. 달리보다 10살이 많았고 시인 폴 엘뤼아르Paul Éluard와 결혼하여 1918년 딸 세실Cécile을 낳았다. 1929년 포르트리가트에서 달리를 처음 만났고 서로를 아는 친구인 르네 마그리트René Magritte 부부와 다 같이 여름을 보낸 후로 달리와 평생을 함께했다. 두 사람은 1934년 예식을 올렸고 1958년에 다시 카톨릭 교회의 종교 예식을 진행했다.

갈라는 달리의 뮤즈였을 뿐만 아니라 집과 정원의 실질적인 관리인이었다. 그녀는 집을 둘러싼 올리브나무 숲에서 자라는, 노란빛이 지지 않는 야생화 헬리크리섬 스토에카스Helichrysum stoechas를 무척 좋아했다. 집과 정원 곳곳에 노란색이 가득했고 꽃이 피는 5월과 6월이면 방마다 햇살처럼 활짝 핀 꽃들을 꽂아두곤 했다. 갈라는 잘 말려 짙은 담황색이 된 꽃을 길게 엮어 커튼 위쪽에 걸어두었다. 온 집 안에 향기가 가득 했을 뿐 아니라 바닷가의 벌레들이 들어오지 못하게 막는 효과도 있었다.

달리는 포르트리가트의 집에서만 볼 수 있는 특별한 빛에 대해 여러 번 이야기했는데, 자신을 스페인에서 가장 먼저 해돋이를 보는 사람이라고 믿었다. 그는 바다와 가깝게 침대 왼편에서 잠들었고 해가 수평선 위로 떠오르는 모습을 가장 먼저 볼 수 있게 부부의 침실에 거울을 설치해두었다. 달리는 이 해안가의 빛이 지중해보다 네덜란드 델프트Delft의 빛에 가까운 독특한 느낌을 낸다고 말했다. 그의 자서전 《나는 세계의 배꼽이다!》(이마고, 2012)에서는 밤의 정체된 잿빛 속에 있던 올리브나무들이 밝

달리가 하나씩 방을 만들며 포르트리가트의 집을 완성해갔고 갈라는 정원에 피는 향기로운 헬리크리섬 스토에카스를 말리고 엮어서 가구들을 장식했다.

은 생기로 가득해지는 아침에 관해 쓰기도 했다. 달리에게 낮의 정원과 바다, 올리브 나무 숲은 환희로 가득했지만 밤이면 향수에 젖어 때로는 우울에 빠지곤 했다.

다양한 공간들

포르트리가트의 집은 모든 방에서 바다를 볼 수 있게 만들어졌다. 방마다 이름도 있었는데 시인 에드워드 제임스Edward James에게 선물 받은 천장까지 닿는 커다란 박제 곰을 세워둔 방을 '곰의 홀Hall of the Bear'이라고 부른 것에서 시작되었다. 카나리아 새장이 있는 방은 '새들의 방Room of the Birds'이 되었고 수학적 균형을 완벽하게 갖춘 성게 모양으로 만들어진 '타원형 방Oval Room'도 있었다.

달리는 집 한편에 작업실을 지었고 북쪽과 동쪽 양쪽에서 빛이 들어오도록 큰 창을 냈다. 그는 이곳에서 대형 캔버스 작업을 하곤 했는데 캔버스를 바닥 아래로 내리고 올릴 수 있는 이동 프레임을 만들어서 사다리 없이 모든 작업을 앉아서 할 수 있었다.

달리의 국제적인 인맥이 넓어지면서 점점 더 많은 이가 포르트리가트를 찾았다. 산을 넘어 힘겹게 도착한 손님들은 쉽게 발길을 돌리지 않았지만 집 안으로는 들어갈 수 없었다. 월트 디즈니 같은 유명 인사뿐만 아니라, 시간이 흐르면서 달리의 유사 과학적인 아이디어에 관심이 있는 연구자와 학생들도 많이 방문했다.

예술가 달리

달리와 갈라는 매해 뉴욕과 파리를 여행하며 겨울을 보내고 4월에서 5월쯤 포르트리가트로 돌아왔다. 이곳에서는 유명 인사 달리가 아닌 예술가 달리의 자아가 강하게 드러났다. 포르트리가트의 집은 두 사람만이 존재하는 안식처였다. 쉽게 접근할 수 없는 위치에 있어 그만의 영역을 보호받으며 작업할 수 있었다. 밤이 되면 일하던 어부들마저

“나는 이 하늘과 바다,
바위들과 분리될 수 없다.
영원히 포르트리가트와
맞닿아 있을 것이다.”
- 살바도르 달리(1976년)

떠나고 고요해졌다. 지금도 그 풍경은 여전하다.

포르트리가트의 정원과 주변 풍경은 세 가지 이유에서 달리의 작품에서 중요한 의미를 지닌다. 첫째로 달리는 실제 풍경을 작품의 배경으로 활용했고, 둘째 야외 공간에서 작품을 전시하거나 공연을 진행했다. 마지막으로 무엇보다 가장 중요한 이유는 이 장소들이 달리의 상상력을 자

• 달리는 1931년에 작업한 〈기억의 지속The Persistence of Memory〉에 포르트리가트에서 보이는 풍경을 담았다.

Ana
7 BA-6-57-97

포르트리가트의 정원

1 테라스와 올리브나무 숲
2 비둘기 탑
3 주전자 탑
4 여름 뜰
5 집
6 수영장과 신전

극하고 새 작품의 아이디어 불씨가 되는 이미지icon를 제공했다는 점이다.

갈라는 일상적인 집안일을 두루 살폈고 정원 관리인은 따로 없었지만 요리사와 잔일을 해주는 일꾼을 고용했다. 달리도 마을의 건축가나 기술자들에게 작업 과정에 필요한 물리적이거나 기술적인 도움을 받곤 했다.

야외 공간

1950년대에 들어서면서 포르트리가트의 정원은 부부에게 아주 중요한 공간이 된다. 여

• 매해 봄 뉴욕과 파리에 있던 달리를 포르트리가트의 작업실로 돌아오게 한 것은 이곳의 빛과 이 빛이 반사되는 풍경이었다. 이곳에서는 많은 사람들이 아는 공개된 모습이 아닌 한 사람으로서의 살바도르 달리가 될 수 있었다.

러 차례 나누어 매입한 대지의 규모가 1헥타르에 달했고 이 대지에 회반죽 없이 전통 방식으로 석재를 쌓아 담을 둘렀다.

부부가 정착한 1930년대에 오두막과 함께 매입한 올리브나무 숲은 황폐한 상태였고 본격적으로 올리브나무를 키우거나 수확할 생각은 없었지만 달리는 어느새 흙과 담, 나무, 곤충에까지 매료되어 이 특별한 풍경을 미래를 위해 보존하고 싶어 했다. 두 사람은 올리브나무 숲에 새로운 야외 공간들을 더했다. 겨울 테라스Winter Terrace에는 창문을 보호하기 위해 회반죽을 바른 벽을 둘러 바람을 차단했다. 카탈로니아인들이 이 지역의 바람을 부르는 이름은 많았지만 그중에서도 한겨울 피레네Pyrenees산맥에서 불어오는 매섭고 찬 트라문타나tramuntana가 최악이었다. 수일 동안 계속되는 이 바람은 정신 건강에까지 영향을 미쳤다. 달리의 아버지가 바르셀로나로 거처를 옮긴 이유 중 하나도 트라문타나였다.

달리와 갈라는 '파티오Pati'라 부른 여름 뜰도 만들었다. 자연석에 둘러싸인 이곳은 집에서 가장 아름다운 공간이었다. 푸르스름한 빛을 띠도록 용설란을 갈아 석회와 섞어 만든 회반죽을 발랐다. 이 뜰에는 커다란 콘크리트 찻잔과 미로처럼 담이 높은 통로도 만들었다.

달리가 유독 주의를 기울인 마지막 작업은 극적인 공간으로 조성한 수영장과 작은 신전이었다. 달리가 방문했던 그라나다의 수경정원과 1960년대와 1970년대 초반 팝아트의 영향을 반영하여 설계했다. 당시 달리의 집은 문화의 중심지였고 매일 저녁 다섯 시에서 여덟 시 사이, 그를 찾아오는 손님들을 위해 이 공간을 마련했다. 신전은 막힌 공간이었지만 한쪽이 열려 있어 부부는 이곳에 앉아 정원을 즐기는 손님들을 바라보곤 했다.

달리는 건축업자 에밀 푸이그나우Emile Puignau에게 1.5미터 폭의 긴 직사각형에 살

• 분수가 있는 이 수영장은 달리가 알람브라 궁전을 보고 만든 것으로 정원에서 가장 사교적인 공간이다. 이른 저녁 달리와 갈라는 흰 분수와 로마의 여신 디아나Diana상으로 꾸며진 지붕이 있는 작은 신전에서 손님들을 맞이했다.

짝 더 큰 반원들이 양 끝에 조화롭게 배치되는 형태의 수영장을 의뢰했다. 건축업자는 단순히 수영을 즐기는 사람들과 앉아 쉬는 사람들이 서로를 잘 볼 수 있게 만든 형태라고 생각했지만 헤링본 무늬로 벽돌 테두리를 두른 수영장은 누가 보아도 남근의 형태였다. 알람브라 궁전의 헤네랄리페Generalife 정원에서 영감을 받은 분수와 조명도 모두 극적인 연출의 일부였다. 켜고 끌 수 있는 대형 분수도 있어서 아주 특별한 손님이 오는 날이면 폭포가 바위를 넘어 수영장으로 밀려 들어오는 장관을 볼 수 있었다.

달리는 젊은 예술가들이 정원에 찾아와 작업을 할 수 있게 했고 이들의 작품을 수집했다. 그는 작품을 고르고 정리하는 것보다 모으는 것이 더 중요하다고 믿었고 정원 구석에 잡동사니와 함께 그림과 조각상을 마구 쌓아두었다.

• 〈포르트리가트의 정원Portlligat Garden〉(1968년)은 비교적 전통적인 회화 성향을 드러내는 작품으로 정원과 꽃을 향한 그의 애정이 담겨 있다.

식물과 새, 곤충들

부부는 테라스와 파티오를 자신들에게 의미 있는 식물들로 채웠다. 올리브나무 숲에는 두 사람이 사랑하는 카다케스의 토착 식물이 자라고 있었고 필요한 곳에 금작화와 가시금작화gorse, 라벤더, 헬리크리섬을 옮겨 심었다. 달리는 뜰에 흰색 펠라르고늄과 재스민, 투베로자Polianthes tuberosa를 심었는데 그가 가장 좋아했던 투베로자는 꽃대를 잘

• 뜰의 벽에는 달리만의 제조법으로 만들어진 회반죽이 발려 있고 화분마다 달리가 가장 좋아하는 꽃 중 하나였던 흰색과 분홍색 펠라르고늄이 가득하다.

라 장식용으로 쓰는 향이 짙은 꽃이었다. 이 꽃의 구근은 막달라 마리아Mary Magdalene가 예수의 발에 부은 귀한 향유의 원료로도 알려져 있다. 달리가 심은 식물들은 모두 갈라를 즐겁게 하기 위한 것이거나 하나하나 특별한 이유가 있었다.

달리는 정원에서 들리는 소리, 그중에서도 특히 바람 소리를 고려해 정원을 설계했다. 카탈로니아의 전통을 따라 주전자 탑Torre de les Olles의 처마 밑에 금이 가거나 이가 빠진 테라코타 주전자를 뒤집어 붙이고 바닥에 구멍을 내서 제비들의 둥지를 마련해주기도 했다. 철새들을 위해서라기보다 바다에서 몰려온 바람이 이 구멍을 돌아 나오며 내는 소리를 듣기 위해서였다. 달리는 새도 좋아했는데 1954년에는 나무로 만든 갈퀴를 횃대로 세운 비둘기 탑을 만들었다.

1982년 갈라가 숨을 거두자 달리는 포르트리가트를 떠나 다시는 돌아오지 않았다. 달리의 집은 그 시점에 멈추어 보존되고 있다. 집보다는 변화가 있지만 정원도 거의 당시의 모습으로 남아 있다. 달리의 정원은 그 자체로 하나의 작품이자 예술을 빚는 공간이었다. 그는 정원에서 대형 작품들도 작업했는데 그중 하나인 〈버려진 것들의 그리스도Crist de les Escombraries〉는 젊은 예술가와 학생들과의 협업으로 해변에서 주워온 타이어와 철제 부품, 나무배의 조각들로 만든 작품이었다.

현재 정원은 갈라와 달리가 살던 때보다는 정돈되고 깔끔한 모습이다. 손볼 생각이 전혀 없었던 올리브나무 숲의 담벼락 보수 공사도 진행되었다. 뜰에는 달리가 사랑했던 흰색 펠라르고늄이 여전히 활짝 피어 있고 분홍색으로 물든 꽃잎도 섞여 있다. 달리를 온전히 이해할 수는 없었지만 그를 동경하고 사랑했던 외딴 마을 포르트리가트에는 지금도 그가 남긴 자취가 가득하다.

푸볼의 성

갈라는 피게레스와 포르트리가트, 푸볼 세 지역으로 정리되는 이른바 달리 '삼각지대 Dalí triangle'의 핵심 인물이다. 두 사람이 포르트리가트의 집에 머물고 있던 1969년, 달리는 푸볼 중세 마을의 한 교회 옆에서 11세기에서 15세기 사이에 지어져 거의 방치되어있는 성을 보고 갈라를 위해 매입했다. 이 성은 두 사람의 애잔하고도 묘한 관계의 연장선에 있었다. 갈라는 중세 기사들이 그러했듯 그녀가 직접 손으로 쓴 초대장 없이는 달리가 성에 절대 출입하지 않을 것을 조건으로 이 성을 선물 받았다. 달리가 갈라를 위해 보수한 이 성에서 그녀는 달리 없이 혼자 많은 시간을 보냈다.

갈라 달리 성Gala Dalí Castle의 보수 과정은 달리에게 아주 색다른 작업이었다. 포르트리가트는 주로 자신이 사용할 공간이었고 수십 년에 걸쳐 조금씩 만들었기 때문에 작업은 언제나 진행형이었다. 하지만 푸볼성의 정원은 갈라만을 위해 특별히 설계한 공간이었고 준비부터 마무리까지 1년 안에 마칠 수 있었다.

성의 정원에는 19세기 푸볼의 영주들이 조성해놓은 화단과 길이 남아 있었다. 달리는 이 기본 구조를 그대로 유지하면서도 이탈리아식 정원을 계획했다. 1948년 방문했던 이탈리아 보마르초bomarzo의 '성스러운 숲Sarco Bosco' 정원의 신비로움에 매료되어 갈라의 성에도 비슷한 요소를 만들고자 했다. 정원의 비너스상까지 이어지는 길 양쪽에 늘어선 나무를 조각상에 가까워질수록 촘촘하게 심어 실제보다 더 멀어 보이는 착시 효과를 연출했다. 하지만 무엇보다 최초 구상은 갈라를 위한 낭만적인 지중해식 정원이었다. 이를 위해 무화과나무를 비롯한 작은 과일나무, 협죽도, 꽃을 심었으며 갈라가 어릴 적 여름을 보내곤 했던 크리미아Crimea반도의 정원 느낌을 원해서 향을 내는 담배, 양귀비 등의 끽연 식물과 장미를 심기도 했다. 그러면서도 먼 훗날을 내다보고 나무들이 높게 자라 화단에 그림자를 드리우면 그가 원했던 신비로운 느낌의 정원이 되리라 생각하고 월계수와 사이프러스, 버즘나무를 심어두었다. 푸볼의 정원은 달리만의 '성스러운 숲'이었다.

푸볼의 성은 달리의 창조적 활동의 일부였고 포르트리가트의 삶에서 확장된 공간으로도 볼 수 있었지만 그는 이 성을 아내를 향한 신성한 사랑의 표현이라 말했다. 갈라가 세상을 떠나고 그녀는 성의 지하실에 묻혔다. 갈라와 함께하기 위해 성으로 거처를 옮긴 달리는 매일 그녀의 무덤에 생기 가득한 꽃을 가져다두었고 지금도 갈라의 무덤에 꽃을 두는 전통은 계속되고 있다. 달리는 푸볼의 성에 머무는 동안 카타스트로피Catastophes 수학 이론을 표현한 마지막 작품 〈무제. 제비의 꼬리와 첼로Untitled. Swallows Tail and Cellos〉(1983년경)를 작업했다.

두 사람이 의도했던 바는 아니지만 현재 푸볼의 갈라 달리 성은 달리 미술관이 되었다. 높게 자란 나무들이 드리운 짙은 녹음은 달리가 원했던 것이지만 말이다. 그리고 그 사이로 난 흰 재스민과 장미의 터널에는 갈라가 좋아했을 향기가 가득하다. 달리를 온전히 '달리'일 수 있게 했던 그 여인이 좋아했을 향기가.

달리 연대기

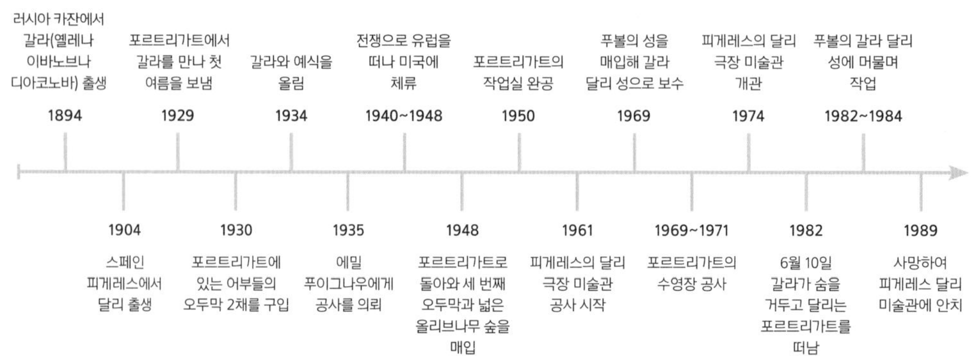

• 1969년 달리는 갈라에 대한 사랑의 표현으로 푸볼의 중세 성을 매입했고 그녀를 위한 정원도 만들었다.

•• 갈라 달리 성의 정원에 만든 이 수영장은 이탈리아 보마르초 '성스러운 숲'의 오마주였다.

화가들의 마을과 정원

모네와 친구들

스카겐의 화가들

커쿠브리의 예술가들

윌리엄 모리스와 켈름스콧

뉴잉글랜드 인상파

독일 표현파

찰스턴의 예술가들

모네와 친구들

클로드 모네Claude Monet, 베르트 모리조Berthe Morisot, 귀스타브 카유보트Gustave Caillebotte, 피에르 보나르Pierre Bonnard와 센강의 예술가들

아르장퇴유Argenteuil와 베퇴유Vétheuil 그리고 지베르니Giverny, 프랑스

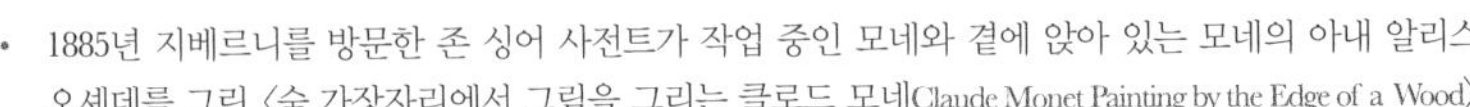

• 1885년 지베르니를 방문한 존 싱어 사전트가 작업 중인 모네와 곁에 앉아 있는 모네의 아내 알리스 오셰데를 그린 〈숲 가장자리에서 그림을 그리는 클로드 모네Claude Monet Painting by the Edge of a Wood〉

•• 모네가 정원을 그린 초기 작품으로 고모의 집이 있던 북부 프랑스 해안의 풍경을 담은 〈생트 아드레스 정원〉(1867년)

시어도어 로빈슨이 지베르니에서 촬영한 49세의 모네

클로드 모네(1840~1926년)

아르장퇴유(1871~1878년)
베퇴유(1879~1882년)
지베르니(1883~1926년)

클로드 모네는 '인상파의 대가'라는 수식어를 뛰어넘어 역대 가장 큰 명성을 지닌 화가라 할 수 있다. '인상주의'라는 이름은 1874년 전시된 모네의 작품 〈인상, 해돋이〉에서 탄생한 것으로 처음에는 조롱의 의미로 붙여진 이름이었다.

모네는 아르장퇴유에서 베퇴유를 거쳐 지베르니에 이르기까지 이 세 공간에 머물렀던 삶의 한 단락마다 회화 기법을 새로운 국면으로 끌어올렸다. 지베르니의 집에서는 두 아들과 알리스 오셰데Alice Hoschedé, 그녀와 에르네스트 오셰데Ernest Hoschedé 사이의 여섯 아이들과 함께 살았고 1892년 에르네스트가 세상을 떠난 후 알리스 오셰데와 결혼했다. 모네는 지베르니에서 수백 점의 풍경화를 그렸고 유명한 건초 더미 연작과 수련 연작도 이곳에서 탄생했다. 그는 생의 마지막 시기, 정원에만 몰두했고 100점이 넘는 작품 속에 수경정원의 모습을 남겼다.

19세기 후반에서 20세기 초반 프랑스에서 시작되어 전 세계를 휩쓴 이 예술 운동은 '인상주의'라 불렸다. 실내 작업실을 기반으로 진행되던 기존의 작업 관습을 모두 깨부순 인상주의의 정점에는 대가 클로드 모네가 있었다. 화가들의 정원과 예술을 나란히 두고 이야기하게 된 것도 정원을 예술 세계의 중심에 두었던 모네의 역할이 컸다. 인상파 화가들은 교외 정원의 장미와 뜰, 텃밭을 즐겨 그렸고 정원을 만드는 과정에 몰두했던 모네는 아름다운 지베르니의 정원을 남겼다.

앙 플랭 에르

인상파 화가들의 정원 사랑은 지베르니 정원이 만들어지기 훨씬 전에 시작되었다. 모네가 마지막 집이었던 노르망디 지베르니에 자리를 잡기 한참 전부터 모네와 친구들은 자신의 정원뿐 아니라 가까운 친구와 이웃들의 정원을 작품에 담았다.

베르트 모리조는 이미 파리의 공원을 그리고 있었고 〈부지발 정원The Garden at Bougival〉(1884년)을 비롯한 여러 작품에 파리 교외 부지발Bougival에 있는 자신의 정원을 담았다. 르누아르도 몽마르트르 작업실 뒤편에 있던 도심 속 자연을 실험적인 야외 작업실로 활용하기 시작했고 1880년 에두아르 마네Édouard Manet는 벨뷔의 여름 별장에서 〈벨뷰의 정원The Garden at Bellevue〉을 그렸다. 같은 시기 피사로는 17년 동안 살았던 우아즈강이 흐르는 퐁투아즈의 정원들을 여러 작품에 남겼다. 퐁투아즈 강가 부두에 있는 그의 집은 1881년 고갱이 그린 그림으로도 유명하다.

- 1874년에 열린 제1회 인상파 전시회에서 모네, 피사로, 드가의 작품과 함께 전시된 베르트 모리조의 〈부지발 정원〉(1884년)

•• 귀스타브 카유보트의 〈프티 젠빌리에 정원의 장미Roses in the Garden at Petit Gennevilliers〉(1886년경). 카유보트는 모네와 함께 정원을 가꾸는 절친한 친구였다.

인상파 화가들은 야외 작업의 자유로움을 긍정하고 눈에 보이는 그대로 담아내야 한다고 믿는 것에 그치지 않았고, 자신이 느낀 감각과 감정을 담아야 한다는 신념을 공유하며 함께 나아갔다. 이들은 자주 정원에 모여 같은 풍경이나 서로의 모습을 그리곤 했다. 파리 남동쪽 예르Yerres에 귀스타브 카유보트의 부모님이 소유한 집과 정원이 있었고 카유보트는 1881년 센강과 가까운 프티 젠빌리에Petit Gennevilliers에 집을 사고 자신의 정원을 만들었다.

아르장퇴유와 베퇴유의 정원

작품에 담을 아름다운 꽃을 고르고 모아 심는 일은 모네에게 무척 중요했다. 처음에는 르아브르 근처에 있는 고모의 정원에서 꽃을 구해왔는데 이곳의 해안 풍경을 담은 모네의 초기작 〈생트 아드레스 정원Jardin à Sainte-Adresse〉(1867년)을 보면 뒤편에 펼쳐진 바다보다 앞쪽에 놓인 한련화nasturtium와 글라디올러스gladioli, 펠라르고늄의 선명한 빨강에 시선을 빼앗긴다.

1873년 모네는 센강이 흐르는 아르장퇴유의 오브리 저택Maison Aubry을 빌려 첫째 부인 카미유 동시외Camille Doncieux와 함께 정원을 만들었다. 이 정원은 모네의 두 작품에 등장하는데 〈아르장퇴유의 화가의 집The Artist's House at Argenteuil〉에서는 이국적인 붉은 꽃이 핀 공작선인장orchid cacti 화분들이 눈에 띄고 〈아르장퇴유의 화가의 정원The Artist's Garden at Argenteuil〉에는 달리아가 소담스럽게 한가득 피어 있다. 모네의 친구 르누아르와 마네도 앞다투어 꽃이 가득한 아르장퇴유의 정원과 모네의 가족들을 그리곤 했다.

• 르누아르의 〈아르장퇴유 정원에서 그림을 그리는 클로드 모네Claude Monet Painting in his Garden in Argenteuil〉(1873년). 아르장퇴유 정원은 모네의 세 정원 중 첫 정원이었다.

•• 모네와 카미유, 아들 장을 그린 에두아르 마네의 〈아르장퇴유 정원에 있는 모네 가족The Monet Family in their Garden at Argenteuil〉(1874년). 마네는 센강 건너 젠빌리에에서 여름을 보내며 모네 가족을 방문하곤 했다.

1879년 카미유 모네가 세상을 떠난 후 작품 활동에만 몰두한 모네가 1881년 베퇴유의 정원에서 두 아들을 그린 습작

당시 모네는 전혀 성공한 화가가 아니었고 39세였던 1879년에 베퇴유의 시골 마을로 이사해 친구 에르네스트 오셰데와 1년 집세가 600프랑인 작은 집을 나누어 썼다. 모네의 아내 카미유는 이사 전부터 건강이 좋지 않았고 집은 모네의 두 아이와 오셰데의 여섯 아이들을 키우기에 몹시 비좁았다. 집에 공간이 없었기 때문에 모네는 센강 가까이 자리를 잡고 야외에서 그림을 그렸으며 작은 배 위의 작업실bateau-atelier을 마련해 물감과 이젤을 보관해두었다. 아내가 아파 우울하고 괴로웠던 모네는 빠른 속도로 작

업을 마치곤 했다. 카미유는 베퇴유에 머문 지 몇 달 되지 않아 겨우 32세의 나이로 세상을 떠났다.

아내의 죽음 후 모네는 작업에만 매달렸다. 베퇴유에서 지낸 3년 동안 200여 점의 작품을 완성했다. 강 아래쪽으로 내려가는 테라스가 있는 베퇴유의 집 앞 정원을 구상한 것도 이 시기였다. 카미유가 세상을 떠나고 1년이 지난 1880년, 모네를 인터뷰한 〈라 비 모데른La Vie Moderne〉 잡지사의 기자는 정원으로 들어서는 나무문과 사과나무와 배나무 사이로 내려가는 계단, 아이들이 먹을 채소가 자라는 텃밭과 가득한 꽃들, 그리고 특히 눈에 띄는 해바라기에 대해 묘사했다. 모네에게 작업실이 어디 있는지 묻자 그저 하늘을 향해 손을 휘휘 내저었고 정원 아래 강가에 그의 배가 떠 있었다고도 썼다.

모네는 다섯 점 이상의 베퇴유 정원 습작을 남겼고 그 과정에서 그의 작품 세계는 새로운 단계에 접어들었다. 양옆으로 해바라기가 핀 정원 계단을 비롯해 같은 풍경을 연작으로 그리기 시작했고 작품마다 한층 더 진보한 기법을 선보였다. 인물은 점점 초점에서 벗어나 정원을 그린 마지막 그림에서는 작게 그려진 두 아들의 모습이 거의 사라질 듯 보인다. 이후 모네의 그림에는 인물이 등장하지 않는다. 그림뿐 아니라 모네의 삶에도 큰 변화가 있는 시기여서 자신의 아이들을 매일 보살펴주던 알리스 오셰데와 특별한 관계가 된다. 에르네스트 오셰데가 파리로 돌아간 후 모네는 알리스와 두 아들 장Jean, 미셸michel 그리고 알리스의 여섯 아이들과 함께 살아가는 묘한 형태의 가족의 가장이 된다.

"바라던 집과 정원을 만들어가는 바로 지금은 지베르니를 떠나기가 쉽지 않다."
- 클로드 모네(1891년)

지베르니의 정원

1883년 모네는 지베르니에서 원하던 집을 찾게 되었다. 처음에는 르프레수아르Le Pressoir라 불리는 이 기다란 분홍빛 건물에 세를 내고 들어가 살다가 미술상에게 돈을 빌려 아예 매입했다. 모네는 곧바로 집 앞에 있는 남향의 비탈진 정원 르클로노르망Le Clos Normand

• 1905년 촬영된 지베르니 르클로노르망 정원 꽃밭에 서 있는 모네

을 꽃들로 채우기 시작했다. 원래 텃밭정원이었던 이곳의 오래된 과일나무들을 뽑아낸 다음 봄이면 꽃이 만개하는 벚나무와 사과나무를 심었다. 모네와 알리스 둘 다 형식적이라고 생각한 회양목 테두리를 없앴다. 원예 지식을 쌓아가며 1년 내내 색이 가득하도록 각 계절의 식물을 심었다. 모네는 관련 서적도 가득 모아두었는데, 특히 그가 가장 좋아했던 아이리스와 달리아에 관한 책이 많았다.

모네는 화단마다 같은 색의 꽃을 심고 딱딱한 느낌의 관목 테두리 대신 꽃으로 테두리를 둘렀다. 모네가 좋아한 키가 큰 데이지나 양귀비, 글라디올러스, 개미취aster 등 높고 큰 식물들은 계절마다 아름다운 풍경이 되었다. 정원이 너무 형식적으로 보이지 않도록 화단 테두리에 지지대를 세워 수구등Clematis montana과 장미가 자연스럽게 얽히며 타고 오르게 했다.

모네는 정원을 완성해놓고도 한참 동안 그리지 않았다. 지베르니에 온 지 4년이 지난 1887년에 작약 화단을 그린 것이 처음이었으며 이 시기에는 집 주변 풍경을 주로 그렸다. 정원을 모티프로 온전히 몰두하기 시작한 것은 6년이 더 지난 후였다.

르클로노르망

집 앞의 정원 르클로노르망은 모네를 색채의 대가로 만들었다. 외부에서 집 현관까지 이어지는 중앙 길인 알레 상트랄Allée Centrale 양쪽 화단에 가득 채워진 식물들은 모네의 일과 삶의 중심에 자리했다. 르클로노르망에서는 아르장퇴유 정원에서부터 무척 좋아한 아이리스와 달리아를 비롯해 더 다양한 식물들을 심었다. 여러 가지 새로운 시도를 할 수 있어 생기가 흘러넘치는 화려한 장관의 화단을 꾸밀 수 있었다.

• (왼쪽 위부터 시계방향) 집에서 바라본 르클로노르망; 모네가 좋아했던 장미와 작약; 봄의 서쪽 정원; 길게 늘어선 연보라색 튤립과 팬지, 물망초 사이로 곧게 나 있는 길; 모네가 무척 마음에 들어 한 초록색 덧문이 있는 분홍빛 집; 장미가 아치를 타고 자라고 한련화가 땅을 덮고 있는 알레 상트랄

모네는 한 해 동안 가능한 한 오래 꽃을 보고자 했다. 봄이 되면 수선화 구근에서 시작해 다채로운 색의 프림로즈primrose가 피어나고 이어 선명한 무지갯빛 튤립이 피었다. 모네가 카이외cayeux의 유명한 아이리스 농원에서 주문한 '데자제Déjazet'나 '마 미Ma Mie'와 같은 품종의 아이리스에서 칼 모양의 잎이 자라나고 그 사이사이로 튤립이 고개를 내밀었다.

언제나 색을 고려해 정원을 꾸민 모네는 푸른 수염 아이리스가 살짝 그늘진 곳에서 색을 더 잘 유지하는 것을 발견하고는 이 꽃들을 과수원 나무 밑에 심었다. 푸른 아이리스는 다른 꽃이 눈에 들어오지 않을 만큼 색이 강렬해서 따로 모아 심거나 여유롭게 늘어 심은 여러해살이 꽃들의 테두리로 썼다.

여름에는 한해살이 꽃들과 여러해살이 꽃들이 흐드러지게 피어났고 모네는 특히 작약과 양귀비를 좋아했다. 커다랗게 피는 꽃보다는 한해살이 개양귀비field poppy의 소박한 빨간 꽃을 즐겼다. 알레 상트랄 양옆의 화단에 가득한 이색적인 아편양귀비opium poppy의 연하고 탁한 분홍빛도 좋아했다. 잉글랜드의 아서 폴Arthur Paul이 1916년 재배한 덩굴장미 '폴스스칼릿Paul's Scarlet'의 색에 붉은 적작약Paeonia lactiflora의 색을 더하고 '머메이드Mermaid' 등의 노란색과 흰색 장미를 한 송이씩 섞어 밝은 하이라이트를 주었다. 모네는 에든버러Edinburgh의 농원을 통해 야생종 장미 컬렉션을 갖추어 놓기도 했다.

화단의 구역마다 한 종류의 꽃만 심어 물감상자 화단이라 불렀는데 이 화단에서 꽃을 꺾어 집 안을 장식했다. 대부분은 한 구역에 한 종류의 한 가지 색만 심었지만 같은 종의 두 색을 섞어 심기도 했다.

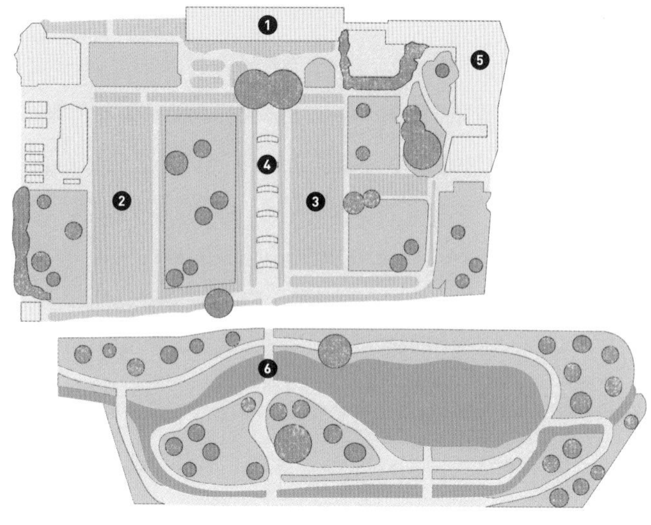

지베르니 정원
르클로노르망
수경정원

1 집
2 서쪽 정원
3 물감상자 화단이 있는 동쪽 정원
4 알레 상트랄
5 수련 작업실
6 일본풍 다리

수경정원

1893년 상주하는 정원사를 고용할 수 있게 된 모네는 엡트Epte강의 흐르는 방향을 바꾸어 정원 아래쪽에 수경정원을 만들고자 관청에 허가를 요청했다. 반대가 없었던 것은 아니지만 결국 허가가 났다. 물길을 내 연못을 만들고 이후 몇 년 동안 여러 차례 확장했다. 1889년 파리박람회에서 르템플쉬르로트Le Temple-sur-Lot에 있는 라튀르말리악Latour-Marliac 농원의 수련을 본 적이 있는 모네는 연못에 채워 넣을 첫 수련을 주문했다. 그의 남은 생을 가득 채울 정원과 예술을 향한 집념이 시작된 시점이었다.

수경정원은 르클로노르망과 완전히 다른 분위기였다. 모네는 일본 목판화를 수집하여 집에 걸어두었는데, 여기서 영감을 받아 1895년 설치한 일본풍 다리가 정원의 동양적인 분위기를 더했다. 다리의 형태는 단순했으며 일반적인 주홍빛이 아닌 초록빛으로 칠했다. 물가를 따라 심은 커다란 수양버들weeping willow을 비롯한 식물들에 살짝 가려지도록 연출했다. 이후 모네는 다리 위에 격자 구조물을 더해 흰색과 연보라색 등나무가 자라며 다리를 타고 오르게 했다. 강둑에 자리한 대나무, 단풍나무, 모란과 가장자리의 진달래, 수국, 양치식물에서도 동양적인 분위기가 흠뻑 배어났다.

수련

유속이 빠르지 않고 잔잔해 수련이 잘 자랄 수 있는 연못을 완성한 모네는 수련을 향한 열정을 마음껏 펼쳤다. 모네는 구할 수 있는 모든 품종을 모으기 시작했고 그중 일부는 지금까지도 잘 자라고 있다. 라튀르말리악 농원에서 '윌리엄 팰커너William Falconer'와 '아트로푸르푸레아Atropurpurea', '제임스 브리던James Brydon'과 같은 온대hard 수련을 주문해 받았다. 모네가 플라바수련Nymphaea flava으로 알고 있었던 노란색 멕시코수련Nymphaea mexicana을 비롯한 열대tender 수련도 주문하고 온실에서 파란색 아프리카수련Nymphaea capensis var. zanzibariensis도 키웠던 것으로 보인다.

수경정원은 당시에는 물론이고 지금도 매일매일 관리해주어야 유지가 가능해서 정원사가 작은 배를 타고 부유물이나 잡초를 일일이 손으로 치워야 했다. 모네가 가장 중요시했던 수경정원의 특성은 빛을 반사하는 수면이었기 때문에 수련을 비롯한 다른 수경식물들이 자라 수면을 과하게 가리지 않도록 세심하게 관리했다. 수면에 비치는 색을 이루는 강둑의 관목 장미와 조팝나무, 무리 지어 피는 델피니움delphinium도 수련

• 〈수련 연못Water Lily Pond〉(1899년). 모네는 정원의 수련 연못을 매우 많이 그렸는데 아직 등나무를 심기 전의 모습이다.

만큼이나 정원의 분위기에 중요한 역할을 했다.

모네는 1902년 정원 안에 커다란 작업실을 새로 짓고 수련 연작을 그리기 시작했다. 모네는 풍경을 직접 관찰하여 그리지 않았다. 기억 속의 빛과 색을 되살려 정원 풍경을 보다 신비롭게 표현했다. 완성된 48개의 캔버스는 1908년 파리에서 〈거대한 장식Grandes Décorations〉이라는 이름으로 전시되었고 전 세계의 미술과 음악, 문학 작품에 오래도록 남을 강한 인상을 남겼다. 소설가 마르셀 프루스트Marcel Proust는 이 작품을 보고 《잃어버린 시간을 찾아서À la Recherche du Temps Perdu》 1부에 등장하는 유명한 수경정원 묘사를 완성했다.

모네의 남은 생에서 지베르니의 정원, 특히 수경정원은 끊임없이 변화하는 영감이 되었다. 모네는 점점 더 큰 캔버스에 정원을 담았고 어느 한 시점에 얽매이지 않게 풍경을 그렸다. 이 작품들은 영감의 원천이었던 정원을 초월했고 모네를 세대를 초월하는 거장으로 만들었다.

모네의 사람들

사교적인 사람이 아니었던 모네는 작업 중에 방해받는 것을 싫어했지만 몇몇 절친한 친구들은 예외였다. 파리에서 작업실을 함께 썼던 르누아르(74쪽 참조)와 마네의 남동생과 결혼한 베르트 모리조도 그들 중 하나였다. 모네는 정원에 대해 이야기하고 지식을 나눌 수 있는 친구를 가장 반겼는데 예술 비평가이자 작가였던 옥타브 미르보Octave Mirbeau는 직접 국화 품종을 재배해 모네의 달리아와 교환하기도 했다. 모네에게 난초를 소개한 것도 미르보였는데 다행히 모네의 작품이 프랑스와 미국에서 잘 팔리던 때

• 피에르 보나르의 〈베르노네의 발코니The Balcony at Vernonnet〉(1920년).
보나르의 울창한 정원은 모네의 집과 가까웠다.

여서 값비싼 난초를 구할 수 있었다.

모네와 절친했던 귀스타브 카유보트도 열성적으로 정원을 가꾸고 관련 지식이 풍부했다. 카유보트는 모네와 달리 돈 때문에 고생하는 일이 없었다. 그는 파리 남동쪽 예르에 땅이 있는 유복한 파리 가문에서 태어나 1881년 센강과 가까운 프티 젠빌리에에 집을 사고 정착하여 정원을 꾸몄다. 그는 모네의 조언대로 온실을 짓고 자신의 즐거움이자 작품의 소재가 되는 정원을 만들어나갔다. 그러나 정원에서 쓰러진 뒤 안타깝게도 45세의 젊은 나이로 세상을 떠났다. 모네는 카유보트가 살아 있었다면 그 누구보다도 이름을 널리 알린 화가가 되었을 것이라고 말했다.

또 다른 화가 친구인 피에르 보나르가 가까운 베르노네Vernonet로 이사하였고 모네는 보나르와 함께 다른 후기 인상파 화가 에두아르 뷔야르, 세잔(56쪽 참조), 마티스를 집에 초대하곤 했다. 바퀴가 달린 수레라는 뜻의 라 룰레트La Roulette로 불렸던 보나르의 집은 그의 작품에도 여러 차례 등장하는데 다소 거칠고 다듬어지지 않은 자연 그대로의 느낌을 지닌 집이었다. 모네는 새로운 움직임을 이끄는 이 화가들을 초대해 시골 신사처럼 트위드재킷을 입고 자신의 정원을 보여주는 일을 좋아했다.

지베르니의 미국 화가들

1886년 모네의 미술상 폴 뒤랑 뤼엘이 모네와 다른 인상파 화가들의 작품을 뉴욕에 소개하자 유럽에서는 아직 받아들여지지 않던 이 화풍에 대한 관심이 미국에서 폭발했다. 존 레슬리 브렉John Leslie Breck, 존 싱어 사전트, 윌러드 멧카프, 시어도어 로빈슨Theodore Robinson, 메리 커샛Mary Cassatt, 윌리엄 메릿 체이스William Merritt Chase를 비

• 지베르니에 머무른 미국 화가 중 한 명이었던 시어도어 로빈슨의 〈지베르니 언덕에서 바라본 센강Valley of the Seine, from the Hills of Giverny〉(1892년)

롯한 대담한 미국 화가들은 작품 속의 전원 풍경에 매료되었고 풍경이 있는 센강으로 찾아왔다. 지베르니의 미국 화가들의 대표라 할 수 있는 프레더릭 맥모니스Frederick MacMonnies와 그의 아내 메리 페어차일드 맥모니스Mary Fairchild MacMonnies를 비롯한 많은 미국 화가들이 지베르니에 찾아와 수십 년을 머물렀다.

강과 정원, 건초 더미를 최고로 그려내기 위한 화가들의 경쟁이 치열했고 이들이 머물렀던 보디 여인숙Hôtel Baudy에서는 비가 오는 날에도 작업을 할 수 있게 정원에 커다란 작업실도 만들었다. 모네는 다른 사람을 가르치거나 편하게 조언을 하는 편이 아니었고 이들과 거리를 두었지만 센강 주변에서 같은 풍경을 함께 그리곤 했던 브렉은 모네의 몇 안 되는 비공식 제자였던 것으로 보인다.

모네가 떠나고

모네의 의붓딸 블랑슈 오셰데 모네Blanche Hoschedé-Monet는 가족 중 유일하게 화가의 길을 걸었다. 블랑슈는 모네를 따라 정원과 교외를 다니며 그의 곁에서 그림을 그렸다. 19세기 후반에서 20세기 초반 지베르니에 모여든 미국 화가들 중 두각을 나타내었던 존 레슬리 브렉과 사랑에 빠지기도 했다. 하지만 모네가 허락하지 않아 관계가 오래가지 못했고 모네의 친아들 장과 1897년 결혼했다.

블랑슈의 작품은 높은 평가를 받았지만 1911년 어머니 알리스에 이어 1914년 남편 장이 세상을 떠나면서 집안을 돌보느라 작업에 집중할 수 없었다. 블랑슈는 1947년까지 지베르니에 살며 정원과 모네의 유산들을 관리했다. 이후로 각각 1헥타르의 규모였던 르클로노르망과 수경정원은 방치되었고 1970년대 제랄드 반 데르 켐프Gérald Van der Kemp와 질베르 바에Gilbert Vahé가 대중에게 공개하기 위해 정원 복원을 시작하면서 마침내 1980년 다시 세상에 문을 열었다.

매해 더 많은 이들이 모네의 작고 조밀한 정원을 찾고 있다. 3월 말부터 11월 초까지 문을 여는 지베르니 정원에는 모네가 살아 있었을 때처럼 꽃들이 쉬지 않고 가득 피어서 4월 꽃나무와 튤립에서 시작해 여름에는 장미와 한련화가 피고 이어 정점을 이루는 달리아와 개미취, 루드베키아rudbeckias 피어나며 한 해가 마무리된다. 모네가 바랐던

모네가 의붓딸들을 그린 〈지베르니 숲에서In the Woods at Giverny〉(1887년). 이젤을 세워두고 그림을 그리고 있는 블랑슈 오셰데는 당당히 실력을 인정받은 화가였으며 모네 곁에서 함께 작업하곤 했다.

정원의 모습을 유지하면서도 관람객들이 언제 방문하든 항상 생기 넘치는 꽃을 볼 수 있도록 매년 보완하여 정원을 관리하고 있다.

정원을 유지하기 위해 11명의 정원사가 상주하며 식물을 상당량 주기적으로 교체하고 있다. 모네가 가꾸었을 당시에는 이렇게까지 열심히 관리할 필요가 없어 지금보다 덜 정돈된 모습이었을 것이다. 하지만 모네의 자취는 지금도 지베르니에 고스란히 남아 있다. 아이리스와 작약, 튤립, 양귀비를 흩어 심지 않고 종류별로 모아 화단에 심었던 모네의 방식이 많은 이들이 따라 할 만큼 인기를 끌었고 여전히 유지되고 있다. 정원은 본래의 모습을 간직하며 서서히 변하고 있다. 계절마다 정원의 식물들을 끊임없이 보살피며 조금씩 더 나은 모습을 이루어가는 정원사들은 모네의 신념대로 겹꽃 없이, 풀 없이, 커다란 변화 없이 살짝 다른 느낌의 '붓터치'를 만들어간다.

모네 연대기

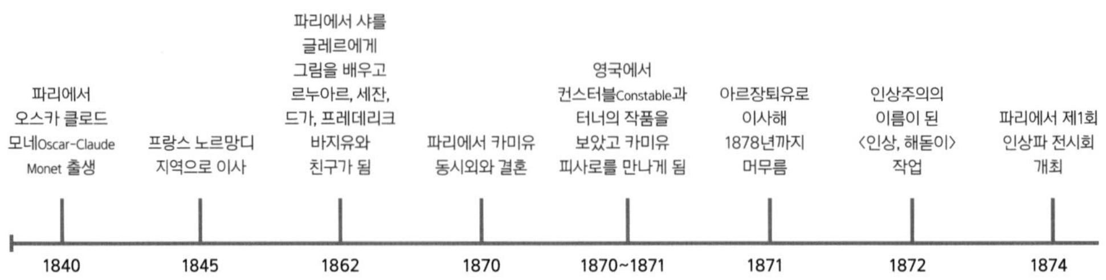

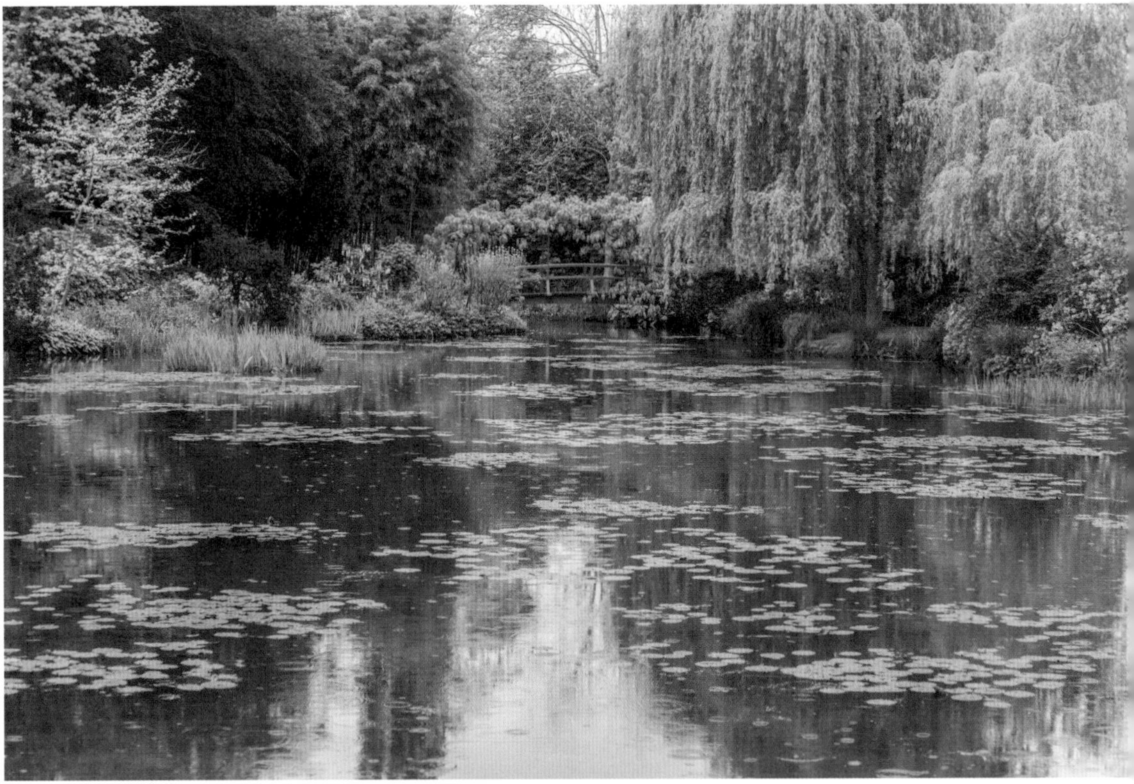

1879	1883	1892	1893	1897	1911	1916	1926
오셰데 가족과 함께 베퇴유로 이사한 후 카미유 모네가 세상을 떠남	지베르니로 이사	알리스 오셰데와 결혼	수경정원 공사를 시작	여생을 쏟아부은 수련 그림을 그리기 시작	알리스가 사망하고 3년 후 아들 장 모네도 세상을 떠남	파노라마와 세폭화를 포함한 대형 작품 〈수련〉 작업을 시작	폐암으로 86세에 숨을 거둠

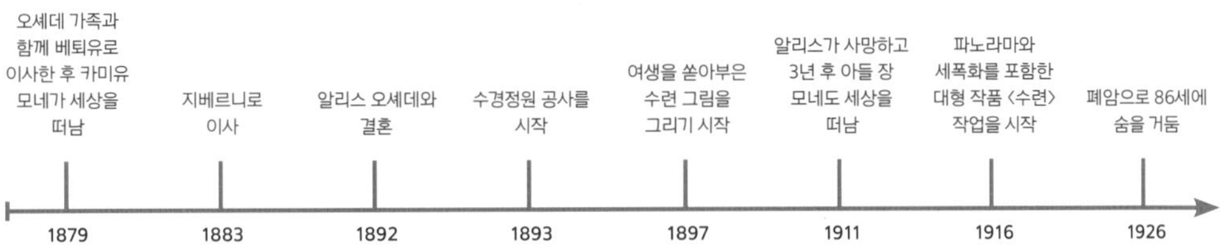

• 지베르니 수경정원의 수련은 모네의 마지막 걸작이 된 연작의 소재가 되었다.

스카겐의 화가들

안나 앙케Anna Ancher와 미카엘 앙케Michael Ancher, 라우리츠 툭센Laurits Tuxen, 마리 크뢰이어Marie Krøyer와 P.S. 크뢰이어P.S. Krøyer, 비고 요한센Viggo Johansen

유틀란트반도Jutland 북부, 덴마크

• 앙케 부부의 정원에서 저녁 식사를 하는 스카겐의 화가들. 안나 앙케가 오른편 중앙에 있고 맞은편에 P.S. 크뢰이어가 앉아 있다.

• 크뢰이어 부부는 벤센 부인의 작은 집을 빌려 1891년부터 1894년까지 세 번의 여름을 스카겐에서 보냈고 P.S. 크뢰이어는 이곳에서 아내 마리를 담은 유명한 〈장미들〉(1892년)을 그렸다. 마리의 발치에 그녀의 강아지가 웅크려 있고 앞쪽에는 '알바 막시마Alba Maxima' 장미가 소담스럽게 피어 있다.

스카겐의 화가들

활동 시기

안나 앙케(결혼 전 성은 브뢴둠Brøndum)(1859~1935년), **미카엘 앙케**(1874~1927년), **헬가 앙케**Helga Ancher(1883~1964년), **P.S. 크뢰이어**(1882~1909년), **마리 크뢰이어**(1887~1906년), **비고 요한센**(1875~1920년대), **라우리츠 툭센**(1870~1927년)

1880년대부터 1920년대까지 덴마크의 바닷가 마을 스카겐은 스칸디나비아 예술가들의 만남의 장소가 되었다. 이들은 집을 빌리거나 유일한 호텔 브뢴둠스에 머물며 몇 주씩 여름을 보내곤 했다. 몇 달씩 머무는 이들도 있었고 일부는 마을에 집을 두고 정착해 살기도 했다. 화가들은 멀지 않은 각양각색의 오래된 집에 살며 자주 만나 교류했다. 부부나 연인도 있었지만 관계는 늘 변하곤 했다.

스카겐의 화가들은 이곳에 머무르며 사람의 손길이 닿지 않은 외딴 마을의 풍경과 노동하는 마을 사람들을 화폭에 담았다. 스카겐에는 새로운 방식으로 삶을 살아가고 예술을 창조할 수 있는 자유가 있었다. 이들은 인상주의와 사실주의를 비롯한 다양한 유파의 영향을 받았지만 각자의 고유한 길을 찾아갔다. 이 독창적인 화가 마을은 1920년대까지 유지되었고 이들의 작품은 지금도 여전히 큰 관심을 받고 있다.

P.S. 크뢰이어와 마리 크뢰이어가 신혼여행 중 그린 것으로 보이는 서로의 초상화

덴마크 북부의 높은 하늘과 모래 언덕, 한적한 해변은 오래전부터 화가들이 영감을 얻는 장소였다. 19세기 후반 예술 표현을 억압하는 코펜하겐 덴마크왕립미술아카데미Royal Danish Academy of Fine Arts의 관행에서 벗어나고자 했던 젊은 화가들이 사람의 발길이 닿지 않는 이 공간에 모여들었다. 1874년 모네의 작품 〈인상, 해돋이〉에서 이름 지어진 '인상주의' 운동으로 큰 변화의 바람이 부는 프랑스의 소식도 전해졌다. 이들은 매해 여름 '반항'의 장소가 된 유틀란트반도 북쪽 끝의 바닷가 마을 스카겐에 모여 브뢴둠스Brøndums 호텔을 중심으로 조그만 집들과 꽃이 가득한 정원에서 함께 시간을 보냈다. 스카겐의 화가들은 여전히 19세기 중반의 덴마크 일류 화가 마르티누스 뢰르뷔에Martinus Rørbye의 사실주의적 화풍을 고수하는 아카데미의 관습적인 가르침을 거부했다.

사실 1830년대에 가장 먼저 스카겐을 찾아낸 인물이 뤼르뷔에였다. 당시에는 코펜하겐에서 스카겐의 외딴 해변까지 오려면 바다를 건너 마차를 타고 수 킬로미터의 모래 황무지를 지나야 했다. 1850년대에 프레데릭스하운Frederikshavn과 도로가 이어지고 1890년 철도가 놓이면서 길이 열렸다. 이 전통적인 바닷가 마을의 매력적인 풍경에 화가들이 모여들어 화가 마을을 이루었다.

스카겐을 찾아서

모래 언덕과 탁 트인 풍경, 청명한 빛이 있는 이 모래 반도는 젊은 예술가들을 매료시킬 만했고 지금도 소박하고 단순한 삶을 원하는 유럽 곳곳의 사람들이 스카겐을 찾고

"이곳 스카겐에 이르러 손길이 닿지 않은
고유한 세상을 거닐어본다."
- 미카엘 앙케(1910년)

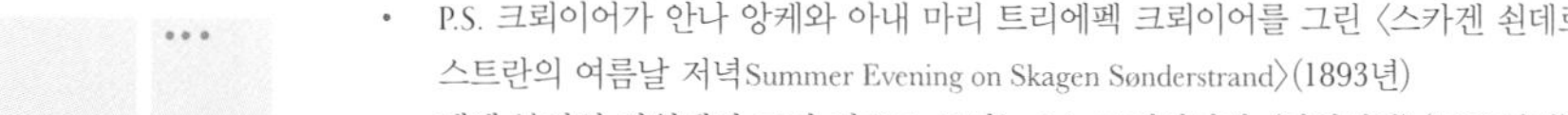

• P.S. 크뢰이어가 안나 앙케와 아내 마리 트리에펙 크뢰이어를 그린 〈스카겐 쇤데르스트란의 여름날 저녁Summer Evening on Skagen Sønderstrand〉(1893년)

•• 벤센 부인의 정원에서 그린 것으로 보이는 P.S. 크뢰이어의 〈정원에서〉(1893년경)

••• 미카엘 앙케가 아내를 그린 〈뜰에서 돌아오는 안나 앙케Anna Ancher Returning from the Field〉(1902년)

있다. 초반에 스카겐에 찾아온 이들은 대부분 마을의 집이나 해변의 판잣집, 여인숙의 일반 객실을 저렴하게 빌려 머물며 모여든 화가와 작가, 시인, 음악가들과 함께 소박한 생활을 즐겼다.

스카겐의 화가들은 특히 야외에서 그림을 그리며 다양한 회화 기법과 작업 방식을 시도했다. 인상주의 운동과 마찬가지로 현재 상황을 바꾸고자 하는 급진적인 의지를 보였지만 화법에 있어서는 거리가 멀었고 일상의 사물을 소재로 하여 땅과 바다의 풍경을 묘사했으며 집과 정원에서 영감을 얻었다.

스카겐에 가장 먼저 정착한 화가는 안나 앙케와 미카엘 앙케 부부였다. 안나는 마을의 유일한 숙박 시설인 브뢴둠스 호텔을 운영하는 브뢴둠스 가족의 딸이었다. 당시 왕립 아카데미에는 여성의 입학이 금지되어 있었기 때문에 코펜하겐의 사립 학교에서 교육을 받았고 이미 21세에 샤를로텐보르Charlottenborg에서 첫 전시를 했다. 이후 남편이 되는 미카엘 앙케도 같은 전시회에 어부들의 고단한 삶을 묘사한 〈그가 돌아올까?Will He Round The Point?〉(1880년)를 전시했고 미카엘이 처음으로 스카겐의 풍경을 그린 이 작품은 큰 인기를 끌었다. 두 사람은 1880년 스카겐의 교회에서 결혼식을 올렸고 여름이면 스카겐에 모여드는 많은 화가 가운데 유일하게 정착해 살아가며 실질적인 대표 역할을 했다.

P.S. 크뢰이어로 널리 알려진 페데르 세베린 크뢰이어Peder Severin Krøyer와 라우리츠 툭센, 비고 요한센 등 당시 유명했던 덴마크의 다른 화가들이 곧 앙케 부부와 함께했다. P.S. 크뢰이어는 사진 찍는 것을 무척 좋아했고 작품의 소재를 사진으로 찍은 후에 조그만 유화 스케치를 거쳐 최종 작업을 시작하곤 했다. 그가 남긴 사진 덕분에 스카겐의 화가들에 대해 많은 것들을 알 수 있었다. 그는 스카겐의 화가 대부분의 모습을 그림으로 남겼고 자신의 작품들을 호텔 식당에 걸어두었다.

P.S. 크뢰이어는 1882년 6월 스카겐에 처음 왔을 때 이미 성공한 화가였다. 스카겐이 예술계에서 국제적으로 널리 알려지는 데는 그의 역할이 컸다. 크뢰이어는 스카겐에서 명작 〈장미들Roses〉(1892년)과 〈정원에서In the Garden〉(1893년경)를 그렸다.

닫힌 공간

스카겐의 화가들이 지키고자 했던 주요한 철학 중 하나는 정원을 포함한 집 안의 닫힌 공간과 노동이 이루어지는 마을의 외부 공간을 분리해야 한다는 것이었다. 이들의 작품 속 정원은 모두 말뚝 울타리나 생울타리로 둘러싸여 있으며 정원을 그릴 때는 노동하는 어부를 묘사하는 '사실주의'와 분명하게 구분되는 화법을 써야 한다고 단호하게 주장했다.

이 화가 마을의 중심에는 브뢴둠스 호텔과 호텔 내의 가든하우스가 있었는데 목재로 지어진 길고 낮은 가든하우스는 스카겐에서 가장 오래된 건물이었다. 안나 앙케와 미카엘 앙케는 결혼 후 가든하우스에서 살았고 딸 헬가도 이곳에서 태어났다. 부부는 건물 동쪽 끝에 공동 작업실을 지었고 크뢰이어도 호텔 내에 있는 이 작업실 근처의 작은 곡물 건조용 헛간에 작업실을 마련했다.

1883년 크뢰이어는 '저녁 아카데미Evening Academy'를 시작했다. 즐거운 여름날 저녁에 스카겐의 화가들과 친구들 모두 가든하우스에 모여 일은 잠시 잊고 예술을 이야기하고 생각을 나누자는 취지의 모임이었다.

작은 시골 마을의 생활에 정원 가꾸기는 큰 부분을 차지했다. 안나 앙케와 미카엘 앙케 부부는 1884년 5월 1일 안나 부모님의 브뢴둠스 호텔에서 멀지 않은 마르크바이

P.S. 크뢰이어가 스카겐 화가들의 평소 모임을 그린 〈화가들의 브뢴둠스 호텔 오찬Artists' Luncheon at Brøndums Hotel〉(1893년). 미카엘 앙케가 서 있고 스웨덴과 덴마크, 노르웨이에서 모여든 화가들이 오찬을 즐기고 있다.

Markvej가街 2번지의 집을 매입한다. 부부의 이사를 축하하기 위해 친구들이 모여 야외 오찬을 가졌다. P.S. 크뢰이어가 그때의 풍경을 그림에 담았는데, 이것이 그 유명한 그림 〈만세, 만세, 만세!Hip, Hip, Hurrah!〉다. 새집에는 채소를 키우고 야외에서 식사를 하며 즐거운 시간을 보낼 수 있는 아주 넓은 정원이 있었다. 그뿐만 아니라 장작 난로로 목욕통 안의 물을 데울 수 있는, 마을에서 보기 드문 온수 시스템이 갖추어져 있었다. P.S. 크뢰이어는 이날 촬영한 사진을 보고 작업을 시작했고 이후 4년 동안 앙케의 정원을 여러 번 방문하며 작품을 그려나갔다. 〈만세, 만세, 만세!〉는 1888년 브뢴둠스 호텔 정원의 작업실에서 완성되었다.

• 미카엘 앙케는 〈오래된 가든하우스The Old Garden House〉(1914년)에 아내 안나와 함께 사는 집이자 친구들과 즐거운 시간을 보내는 브뢴둠스 호텔 내의 가든하우스를 담았다.

•• 호텔을 배경으로 찍은 브뢴둠 가족과 앙케 가족의 모습. 뒷줄 오른쪽 끝의 미카엘 앙케와 오른쪽에서 두 번째 안나 앙케가 스카겐의 화가 마을을 만들어나갔다.

• 스카겐에 정착한 안나 앙케와 미카엘 앙케 부부는 안나의 부모님이 운영하는 브뢴둠스 호텔에서 가까운 마르크바이가 2번지로 이사했다.

•• 안나 앙케의 〈앙케 가족의 정원 입구Entrance to the Anchers' Garden〉(1903년). 작품 속의 배나무는 위 사진에서 볼 수 있듯 지금도 남아 있다.

• P.S. 크뢰이어의 〈만세, 만세, 만세!〉(1888년)에는 앙케 부부가 커다란 정원이 있는 마르크바이의 집으로 이사한 후 친구들과 함께 축하하는 자리의 모습이 담겨 있다.

브뢴둠스 호텔 풍경에 한계를 느낀 P.S. 크뢰이어와 마리 트리에펙 크뢰이어Marie Triepcke Krøyer 부부는 벤센Bendsen 부인의 넓은 농가와 정원 일부를 빌려 비고 요한센과 마르타 요한센Martha Johansen 부부의 가족들과 함께 사용했다. 그들은 집과 정원을 무척 마음에 들어 했고 비고 요한센은 집 안팎에서 일하는 아내의 모습을 여러 작품으로 그렸다. P.S. 크뢰이어도 〈벤센 부인의 정원 나무 아래 암탉들Hens under the trees at Madame Bendsen's Garden〉(1893년)에 정원의 거친 느낌을 미화하지 않고 정직하게 담아냈다.

스카겐의 황금기

스카겐의 화가들에 대한 소식이 코펜하겐에 전해지고, 철도가 놓인 뒤로는 더욱 많은 이들이 이 유틀란트반도에서 여름을 보내고 싶어 했다. 몰려드는 휴가객이 불편했던 P.S. 크뢰이어는 마을 외곽의 스카겐 목조 재배지에 있는 사용하지 않는 '모래언덕 관리인'의 집을 빌려 사람들과 거리를 두었다. 그는 1894년 건축가 플레스네르Plesner에게 내부 개조 공사를 의뢰했고 아내 마리 크뢰이어는 가구를 고르고 쿠션과 커튼 등을 만들어 집 안을 꾸몄다. 당시 크뢰이어 부부는 영국의 미술공예운동Arts and Crats Movement의 영향을 받았다. 목조 재배지 안의 정원은 일부러 손을 대지 않고 자연 상태 그대로 두었다. 이 시기 P.S. 크뢰이어의 조울증이 더욱 심해졌고 부부는 1906년 이혼했다. 마리는 스웨덴으로 떠났고 P.S. 크뢰이어는 딸 비베케Vibeke와 함께 이 집에 남았다.

스카겐의 화가 마을에는 P.S. 크뢰이어의 후기 작품 〈해변의 드라크만Drachmann on the Beach〉에 등장하는 괴짜 작가이자 화가, 비평가인 홀게르 드라크만Holger Drachmann도 있었다. 드라크만은 1902년 스카겐에 작은 집을 사서 여러 아내, 애인과 시간을 보내

• P.S. 크뢰이어가 마을 외곽의 스카겐 목조 재배지에 있는 집으로 이사하고 얼마 지나지 않아 그린 그림 〈정원의 마리Marie in the Garden〉(1895년). 크뢰이어 부부는 나무가 우거진 자연 상태 그대로의 정원을 무척 좋아했다.

사진 속의 마리 크뢰이어는 남편 P.S. 크뢰이어와 함께 벤센 부인의 집과 다듬어지지 않은 자연 상태의 꽃이 가득한 정원을 빌려 마르타 요한센과 비고 요한센 부부와 함께 지냈다.

는 한편 스카겐 화가들의 작품을 널리 알렸다. 흘러내리는 망토에 여러 개의 모자를 겹쳐 쓰곤 했던 별난 외모만큼이나 큰 파급력이 있던 그의 신문 칼럼 덕분에 더 많은 이들이 이 화가 마을에 대해 알게 되었다.

라우리츠 툭센 또한 스카겐에서 큰 비중을 차지한 예술가였다. 그는 1901년 벤센 부인의 집을 매입해 1927년 숨을 거두기까지 이곳에 살았다. 스카겐의 정원 대부분이 그렇듯 이 집의 땅도 주변의 황무지와 같은 산성의 모래땅이었다. 툭센은 스카겐을 자주 방문하는 여러 유명인사 중 한 명이었던 영국 국왕 에드워드 7세Edward VII의 덴마크인 아내 알렉산드라Alexandra 왕비의 조언대로 정원에 진달래를 심었다. 툭센은 겐트ghent에 있는 하르트만Hartmann 농원에서 진달래를 구입해 때맞추어 심었고 〈진달래Rhododendrons〉(1917년), 〈정원의 햇살Sunshine in the Garden〉(1922년)을 비롯한 많은 작품에 진달래를 그렸다.

스카겐의 화가들은 여름 동안 스카겐 기술학교에서 미술을 공부하는 학생들을 위해 전시회를 열기 시작했고 1908년 라우리츠 툭센과 P.S. 크뢰이어, 안나 앙케의 오빠인 덴 브뢴둠Degn Brøndum 등이 모여 이 '여름 화가 마을summer colony'의 작품을 소장하기 위한 스카겐미술관을 설립했다. 이 시기 안나 앙케를 비롯한 여러 화가들은 내부 공간을 그리며 빛과 색 표현에 집중했다. 안나 앙케의 〈수구등이 있는 집 안Interior with Clematis〉(1913년)을 보면 떨어지는 빛을 아주 세심하게 주의를 기울여 표현했음을 알

벤센 부인의 집 안을 볼 수 있는 비고 요한센의 〈부엌 내부Kitchen Interior〉(1884년). 마르타 요한센은 스카겐 태생으로 1880년 비고 요한센과 결혼했다.

브뢴둠스 호텔의 작업실에 앉아 있는 딸 헬가를 그린 안나 앙케의 〈푸른 방 안의 햇빛〉(1891년)

수 있다.

〈푸른 방 안의 햇빛Sunlight in the Blue Room〉을 비롯한 안나 앙케의 여러 작품의 모델이었던 딸 헬가는 부모의 영향을 받아 능력을 인정받는 화가가 되었으며 스카겐의 다음 세대를 이끌어나갔다. 헬가는 마르크바이의 집을 그린 〈앙케 가족의 집 입구, 여름Entrance to the Ancher House, Summer〉(1922년)과 크뢰이어 부부의 정리되지 않은 정원을 그린 〈크뢰이어의 집 뒤편 정원의 어수리Hogweed in the Garden behind Krøyer's House〉(1927년) 등의 작품을 남겼다. 스카겐 화가 마을의 황금기는 지나갔지만 화가들이 미술관에 남긴 작품들과 이들이 머무른 집과 작업실, 정원은 지금도 제 모습을 지키고 있다.

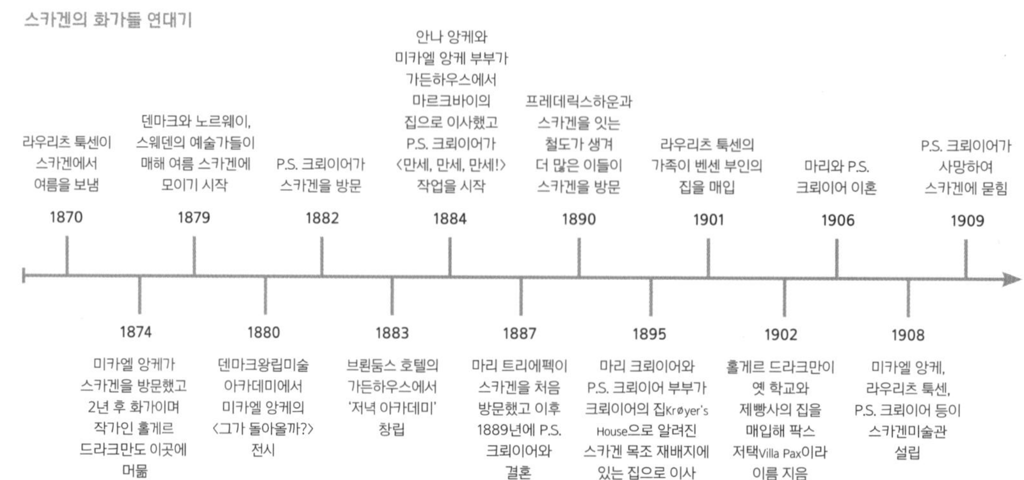

• 라우리츠 툭센의 〈활짝 핀 진달래Flowering Rhododendrons〉(1911년). 툭센은 알렉산드라 여왕의 조언대로 스카겐의 산성 토양에서 잘 자라는 진달래를 심었다.

•• 라우리츠 툭센은 1901년 벤센 부인의 오래된 농가를 매입하여 다그미네 저택Villa Dagminne이라 이름 짓고 이곳의 정원과 꽃을 작품에 담았다.

커쿠브리의 예술가들

E.A. 호넬, 조지 헨리George Henry, 제임스 거스리James Guthrie, 제시 M. 킹Jessie M. King과 글래스고 화파Glasgow School

브로턴하우스Broughton House, 커쿠브리Kirkcudbright, 스코틀랜드

• 1930년경 촬영된 사진으로 가장 왼쪽에 호넬의 화랑을 건축한 존 케피가 앉아 있고 곁에 E.A. 호넬이 서 있으며 오른쪽에는 호넬의 가족과도 가까웠던 친구 필립 핼스테드Phlip Halstead와 호넬의 누나 티지가 앉아 있다.

• 호넬은 일본과 스리랑카 실론Ceylon, 호주까지 널리 여행하며 정원을 구상하여 스코틀랜드 남서쪽 해안에 자신의 정원을 꾸며놓았다.

베시 맥니콜Bessie MacNicol이 그린 〈에드워드 앳킨슨 호넬 Edward Atkinson Hornel〉(1896년)

E.A. 호넬(1864~1933년)

E.A. 호넬은 '글래스고 보이즈'로 알려진 글래스고 화파의 화가이다. 그의 유명세가 정점을 찍은 시기에 스코틀랜드의 고향 커쿠브리에 있는 브로턴하우스를 매입했다. 호넬은 티지Tizzie라는 이름으로 불렸던 누나 엘리자베스와 함께 살았으며 평생 결혼하지 않았다.

브로턴하우스를 매입했을 즈음 호넬의 예술적 지향점에도 변화가 생겼는데 자연주의적인 초기 작품에서 상징주의로 넘어가며 보다 장식적인 화풍을 추구하기 시작했다. 호넬은 두 차례의 일본 여행 후 멀고 먼 동양에서 받았던 영감을 자신의 작품과 정원에 펼쳐보였다. 호넬의 후기 작품은 사진술의 영향을 많이 받았는데 커쿠브리의 소녀들을 촬영한 많은 사진을 활용해 집을 둘러싼 정원과 숲, 해변의 풍경을 독특한 화풍으로 그렸다.

호넬의 명성이 높아지며 그의 친구였던 화가 조지 헨리와 화가 찰스 오펜하이머Charles Oppenheimer, 삽화가 제시 M. 킹을 비롯한 많은 예술가가 그를 찾아왔고 커쿠브리는 '예술가 마을'로 이름을 알렸다.

물감의 질감과 패턴에 대한 큰 관심이 드러나는 E.A. 호넬의 〈여름Summer〉(1891년)

몹시 추웠던 1885년 1월의 어느 날, 전시회에 올릴 작품을 선정하기 위해 모인 글래스고미술원Glasgow Institute of Fine Arts의 회원들은 한 젊은 화가 집단의 작품에서 특별함을 느꼈다. 스코틀랜드에서 더 나아가 유럽 예술계에 새로운 방향을 제시한 이들은 이후 '글래스고 보이즈'로 알려졌다. 제임스 거스리, 에드워드 아서 월턴Edward Arthur Walton, 제임스 패터슨James Paterson, 윌리엄 요크 맥그레거William York Macgregor를 비롯한 이 화가들은 프랑스에서 새롭게 유행하는 야외 작업의 영향을 받았으며 기성 예술계로부터 배척을 당했다.

- 제임스 거스리의 〈과수원에서In the Orchard〉(1886년). 거스리는 E.A. 호넬, 조지 헨리와 함께 커쿠브리에서 지내며 시골 풍경들을 그렸다.

•• 커쿠브리 외곽을 그린 〈갤러웨이 풍경A Galloway Landscape〉(1889년)에는 헨리가 생각하는 커쿠브리 마을의 분위기가 담겨 있다.

이들은 대형 캔버스에 스코틀랜드 하일랜드의 풍경을 그리던 기성 화가들과 달리 작고 평범한 마을을 소재로 노동자들과 마을의 모습을 보다 덜 낭만화된 방식으로 표현했다. 사실 글래스고는 거의 그리지 않았고 당시에는 물론이고 나중에도 글래스고에 살지 않았지만 지금까지도 '글래스고 보이즈'라 불리고 있다.

1888년 '글래스고 보이즈'의 두 화가 에드워드 앳킨슨 호넬Edward Atkinson Hornel과 조지 헨리는 새로운 작업 방식을 구축했다. 호넬과 헨리는 베릭셔Berwickshire의 콕번스패스Cockburnspath에서 열린 한 여름 예술 캠프에서 만났고 이후 제임스 거스리까지 합류하여 스코틀랜드 남서부 커쿠브리의 작은 항구에 위치한 호넬의 집에서 함께 시간을 보냈다. 상징주의가 자연주의보다 더 큰 주목을 받던 시기였고 이들의 화풍에도 변화가 일어 색과 질감, 패턴을 실험적으로 다루기 시작했다. 1890년 런던 그로브너갤러리Grosvenor Gallery에서 마지막 '글래스고 보이즈' 전시회가 열리고 있을 무렵 스코틀랜드 화가들의 삶과 예술에는 새로운 국면이 펼쳐졌다.

커쿠브리에 자리를 잡고

스코틀랜드에서 호주로 이주했던 호넬의 가족은 호넬이 두 살이었을 때 다시 커쿠브리로 돌아왔다. 신발 만드는 일을 했던 호넬의 아버지는 12명의 자녀를 두었지만 그중 넷은 어릴 때 세상을 떠났다. 부족한 환경이었지만 티지Tizzie라는 이름으로 알려진 누나 엘리자베스가 에든버러에서 학생들을 가르치는 일을 했고 호넬도 16살이 되자 누나를 따라 에든버러에 머물며 예술 학교에 다녔다.

19살에 커쿠브리로 완전히 돌아온 호넬은 하이High가街 21번지에 작업실을 마련하

고 E.A. 호넬이라고 쓴 명판을 걸었다. 오랜 친구인 윌리엄 맥조지William McGeorge, 존 페이드John faed와 함께 마을의 첫 미술협회Fine Art Association를 만들었고 아버지가 돌아가신 후에는 자매들의 경제적 지원을 받아 커쿠브리의 부동산들을 매입해 임대 수입을 얻었다.

일본으로의 여행

호넬과 헨리는 상징주의에 대한 관심을 공유했고, 대형 작품 〈드루이드The Druids〉(1890년)를 함께 작업하기도 했다. 이 작품은 뮌헨에 전시되었을 당시 금을 섞어 그렸다는 점과 질감의 패턴이 큰 화제가 되었다. 이후 오스트리아의 상징주의 화가 구스타프 클림트Gustav Klimt에게 영향을 준 작품이기도 하다.

1893년 호넬과 헨리는 글래스고의 미술상 알렉산더 리드Alexander Reid와 예술품 수집가 윌리엄 버렐William Burrell의 후원으로 일본에 간다. 두 화가는 스코틀랜드에서는 산업화로 빠르게 사라져가고 있는 작은 시골 마을의 전통적인 삶의 방식을 일본에서 찾고자 했다.

호넬과 헨리는 8개월 동안 나가사키 주변 도시에 머물며 일본인 가정에서 지냈고 봄에 열리는 벚꽃 축제 하나미hanami를 비롯한 일본의 삶과 관습, 음악을 경험하며 일본 문화에 스며들었다. 호넬은 일본에서 지내는 동안 사진에 대한 관심을 키웠고 사진술을 배우기도 했는데 사진술은 이후 작품 활동에 지속적인 영향을 미치게 된다. 안타깝게도 헨리가 일본에서 작업한 작품 대부분은 귀국길에 훼손되었지만 호넬의 작품들은 귀국 후 리드Reid의 글래스고갤러리Glasgow gallery에 전시되었다. 전시하지 못한 작품

• E.A. 호넬의 〈나가사키의 꽃 시장Flower Market Nagasaki〉(1894년). 8개월 동안 조지 헨리와 함께 일본을 여행한 호넬은 이후로 동양의 예술과 문화에 지속적인 관심을 보였다.

• 호넬의 〈잡힌 나비The Captive Butterfly〉(1905년). 커쿠브리의 소녀들을 그린 그림 중 하나로 브릭하우스Brighouse만 근처의 야생 장미를 배경으로 연출한 장면이다.

•• 호넬은 사진을 많이 촬영하며 모델을 연구했고 이후 캔버스에 옮겨 작업했다.

도 많았지만 호넬과 헨리의 이름이 널리 알려졌고 이들은 커쿠브리에서 활동하며 계속 해 일본을 작품 속에 담았다.

커쿠브리의 예술가들은 모델을 두고 그림을 그렸는데 보통 농사짓는 마을의 일꾼과 아이들이 모델이 되었다. 가장 잘 알려진 모델은 커쿠브리의 신발 수리공 윌리 톰프슨Willie Thompson으로 제임스 거스리의 〈노인 윌리Old Willie〉(1886년)와 글래스고 헌테리안아트갤러리Hunterian Art Gallery에 전시되어 있는 헨리의 〈울타리 절단기The Hedge Cutter〉(1886년)에서 찾아볼 수 있다.

호넬은 누나 티지의 감독 아래 촬영한 커쿠브리 소녀들의 사진을 모델로 더 신비로운 분위기의 장식적인 작품을 그렸다. 지금은 다소 인위적인 연출로 느껴지지만 당시에는 꽤 인기를 끌었다. 일본의 항구 도시 요코하마의 이름을 따 '요코하마 사진Yokohama Shashin'이라 불리는 사진술의 영향도 받았는데 흑백 사진에 화가가 정교하게 색을 입히는 기술로 호넬은 이 방식으로 촬영된 유리 사진 건판을 상당히 많이 수집했다.

랭 리그 정원

1901년 호넬은 650파운드에 커쿠브리 하이가街에 위치한 멋진 집을 매입할 기회를 얻었다. 브로턴하우스에는 변화를 줄 수 있는 부분이 많았고 호넬은 누나 티지와 함께 살아갈 편안하고도 고풍스러운 집이 될 것이라 느꼈다. 아래쪽 강으로 이어지는 좁고 긴 형태의 정원도 마음에 들었다. 집에는 마차 보관소와 마구간이 있었고 지붕에 커다란 채광창이 나 있었다. 정원으로 바로 이어지는 건물도 하나 딸려 있었는데 호넬은 곧장

1910년 옆집을 추가로 매입하여 브로턴하우스 뒤편에 있는 기다란 정원의 규모를 두 배로 넓혔다.

이 건물을 작업실로 만들기 시작했다. 호넬은 글래스고예술학교Glasgow School of Art 건축을 맡았던 글래스고의 유명 건축회사 허니맨케피앤매킨토시Honeyman, Keppie & Mackintosh의 존 케피John Keppie에게 이 일을 맡겼다.

'랭 리그Lang Rig'라는 이름으로 불린 브로턴하우스의 정원은 디Dee강까지 기다랗게 뻗은 형태였다. 호넬이 집을 매입하기 전 일본 여행을 떠난 해인 1893년에 조사된 영국 국가 지도에 따르면 브로턴하우스에는 19세기 초반의 정형정원이 꾸며져 있었고 호넬은 이 양식을 유지했다. 호넬은 정원사를 고용해 기존의 텃밭에 식재료로 쓸 채소를 심었고 정원의 다른 부분에는 일본의 영향이 느껴지는 꽃 테두리와 관목들로 변화를 주었다. 호넬은 일본을 오가며 작약과 아이리스, 대나무, 백합 등 아름다운 꽃 삽화가 그려진 농원의 카탈로그를 많이 모아두었다. 호넬이 글래스고의 레이턴Leighton사社를 통해 일본에서 본 적 있는 산나리golden-rayed lily 구근 10개를 1파운드에 구입한 영수증이 남아 있으며 영국 전역을 수소문해 우편으로 일본 식물들을 받아보기도 했던 것으로 보인다. 티지도 호넬만큼이나 정원의 식물에 관심이 많았고 1907년에는 호넬과 함께 이집트와 실론, 싱가포르, 호주를 거쳐 일본을 여행했다.

1908년 호넬은 브로턴하우스와 붙어 있는 14번지의 집을 매입했다. 이곳에 거주할 생각은 아니었고 정원 폭을 두 배로 확장하기 위해 땅이 필요했다. 같은 해에 오래된 마차 보관소와 마구간을 철거한 후 클래식한 기둥과 바로크식 벽난로가 있는 새 작업실과 화랑을 짓고 새로운 일본식 정원 설계를 시작했다.

갈퀴로 모양을 낸 자갈밭이나 깔끔하게 깎아 형태를 낸 나무가 있는 전통적인 일본 정원은 아니었지만 구불구불한 길과 높게 돋운 화단, 암석정원, 흐르는 물과 연못, 석재 장식물이 여유롭게 어우러진 일본식에 가까운 정원이었다. 새로 지은 화랑의 외부 벽에는 그늘에서도 잘 자라는 일본 덩굴식물 등수국 페티올라리스Hydrangea anomala subsp. petiolaris를 심었고 정원 곳곳에 일본 단풍나무와 벚나무, 대나무, 모란, 작약, 산나리, 등나무도 심었다. 등나무에서 처음으로 꽃이 핀 1907년 호넬과 티지는 여행 중이었고 호넬은 몇 년이나 기다린 꽃을 보지 못해 몹시 안타까워했다. 호넬은 정원에 온실도 지었는데 보기에는 멋지고 화려했지만 온도 유지에 돈이 많이 들고 환기도 제대로 되지 않아 실용적이지는 않았다.

"편지를 보니 지금 정원이 아주 장관이라고 합니다.
작약이 근사하게 피었고 오랫동안 애타게 기다려온 등나무에도 꽃이 피어 제가 없는 사이 성대한 볼거리가 펼쳐졌나고 하는군요."
- E.A. 호넬(1907년)

티지도 온종일 정원에서 식물을 심고 보살피며 적극적으로 정원을 가꾸었고 정원을 완성하는 데 큰 역할을 했다. 호넬의 정원은 19세기 정형정원에 20세기 초반의 요소들이 조화롭게 더해진 모습으로 완성되었다. 에드워드 7세 시대의 정원 양식에 해시계를 비롯한 전통 장식물을 곳곳에 배치하여 미술공예운동의 요소들을 살렸다. 일본식 정원을 그대로 재현했다기보다는 동양의 느낌을 품고 있는 정원이었다.

그린게이트 걸즈GREENGATE GIRLS

커쿠브리의 예술가라 부를 수 있는 인물은 서른 명이 넘는다. 찰스 오펜하이머는 호넬이 매입한 14번지 집에서 지내며 정원을 그렸고 '글래스고 걸즈' 중 한 명인 베시 맥니콜Bessie MacNicol은 하이가街에 있는 호넬의 첫 작업실에서 호넬을 모델로 초상화를 작업했다.

1908년 커쿠브리에 방문한 디자이너이자 삽화가 제시 M. 킹은 호넬의 조언대로 브로턴하우스와 가까운 그린게이트 클로즈Greengate Close에 있는 집을 매입했다. 글래스고예술학교에서 교육을 받은 킹은 아르누보 양식에 굉장히 뛰어난 화가이자 디자이너로 이름을 알렸다. 그린게이트에 마련한 킹의 새집에는 작은 별채가 4채 딸려 있었고 강으로 이어지는 뜰과 정원이 있었다. 킹은 집에서 미술 수업을 열었고 여름마다 커쿠브리를 찾는 예술가들에게 별채를 내어주었다. 화가 도로시 존스톤Dorothy Johnstone과 헬렌 스털링 존스톤Helen Stirling Johnston, 주얼리 디자이너 메리 슈Mary Thew, 자수 공예가 헬렌 팩스턴 브라운Helen Paxton Brown, 은 세공사 아그네스 하비Agnes Harvey 등 대부분 여성 예술가였다.

• 〈개화Blossom〉(1890년경). 호넬이 일본에서 수집한 예술품 중 하나로 일본 사진작가 코자부로 타마무라Kōzaburō Tamamura가 촬영하여 색을 입힌 사진이다.

별채는 특별할 것 없었지만 여성 예술가들은 이곳에서 도시 생활과 남성 중심적인 예술계로부터의 해방감과 자유로움을 느끼며 활발한 작품 활동을 펼쳤다. 킹과 남편 어니스트 테일러Ernest Taylor의 친구였던 스코틀랜드 화가 샘 페플로Sam Peploe도 1915년부터 1935년까지 그린게이트 클로즈에서 여름을 보냈다.

킹은 커쿠브리로 거처를 옮긴 후 영국의 백화점 리버티 오브 런던Liberty of London을 비롯해 이탈리아와 독일에서도 디자이너로서 더욱 각광받으며 많은 작업을 의뢰받았다. 미술 수업도 계속 이어가며 의뢰받은 작업을 진행했고 특히 북 커버 작업에 열중했다. 킹은 바쁜 와중에도 이 스코틀랜드의 항구 마을을 떠나지 않았다. 아이들이 건축 개념을 이해하고 직접 모형도 만들어볼 수 있는 그녀의 책《절대 싫증 나지 않는 작고 하얀 마을The Little White Town of Never-Weary》(1915년) 속에 커쿠브리의 매력을 가득 담아 두었다. 독립적인 여성으로 주목받았던 킹은 늘 자전거를 타고 마을을 돌아다녀 '자전거를 탄 마녀'라는 별명을 얻기도 했다.

1931년 소설가 도러시 L. 세이어스Dorothy L. Sayers의 소설 속 탐정 피터 윔지Peter Wimsey는 화가 살인사건을 해결하기 위해 커쿠브리로 향한다. 이 추리소설《다섯 마리의 빨간 청어Five Red Herrings》에는 아주 많은 화가가 등장, 세이어스는 킹의 친구였지만 호넬을 비롯한 몇몇 남성 예술가를 무척 싫어하는 것으로 유명했으며 소설을 이용해 자신의 감정을 표출했다.

커쿠브리는 소수의 특권층을 위한 공간이 아니라 아마추어와 프로가 함께하고 화가와 작가, 조각가, 디자이너, 도예가, 삽화가가 모두 함께 어우러지는 공간으로서 그 가치를 꽃피웠다. 호넬이 세상을 떠나고 한참 후인 20세기 중반까지도 도러시 네즈빗 존스톤Dorothy Nesbitt Johnston과 윌리엄 마일스 존스톤William Miles Johnston, 레나 알렉산더Lena Alexander를 비롯한 많은 예술가들이 영감을 찾아 커쿠브리에 머물곤 했다. 2018년

• 전통적인 회양목 생울타리 위로 등나무 꽃이 흐드러지게 핀 호넬의 정원에는 영국적인 요소와 동양의 요소가 조화를 이루었다.

1908년 제임스 크레이그 아난James Craig Annan이 사진관에서 촬영한 삽화가 제시 M. 킹의 모습. 킹은 E.A. 호넬의 브로턴하우스와 가까운 그린게이트 클로즈의 집에서 여성 예술가들을 위한 여름미술학교를 열었다.

커쿠브리에 공공미술 갤러리가 개관하면서 이 예술가 마을에 새로운 역사가 펼쳐지고 있지만 스코틀랜드의 작은 마을 커쿠브리에 E.A. 호넬과 글래스고 보이즈가 남긴 흔적은 강력한 주문처럼 오래도록 남아 있을 것이다.

커쿠브리의 예술가들 연대기

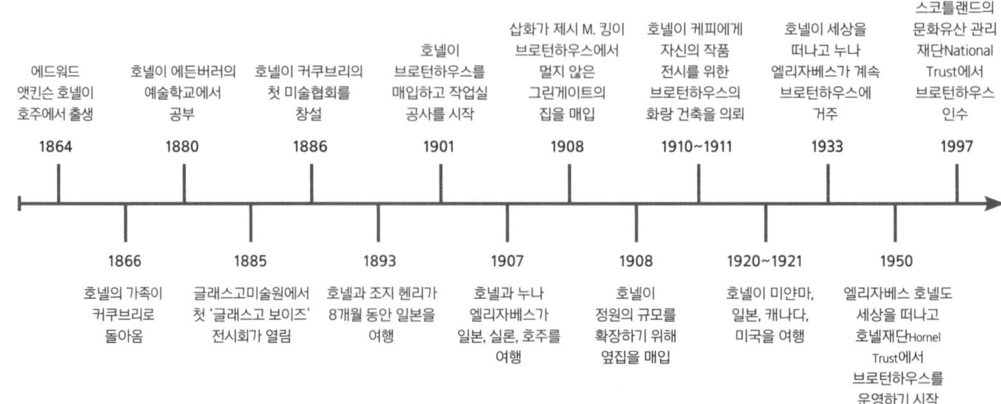

• 샘 페플로의 〈여름날, 커쿠브리A Summer's Day, Kirkcudbright〉(1916년)에는 그가 숨을 거둔 1935년까지 매해 방문했던 커쿠브리 마을의 모습이 담겨 있다.

윌리엄 모리스와 켈름스콧Kelmscott

윌리엄 모리스, 메이 모리스May Morris, 단테이 게이브리얼 로세티Dante Gabriel Rossetti

켈름스콧 저택, 옥스퍼드셔, 잉글랜드

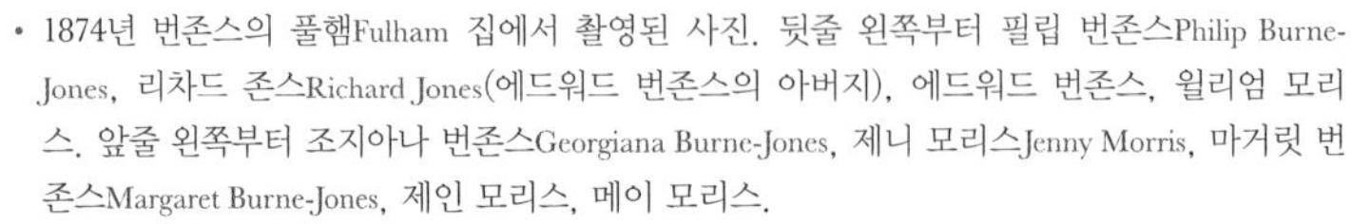

• 1874년 번존스의 풀햄Fulham 집에서 촬영된 사진. 뒷줄 왼쪽부터 필립 번존스Philip Burne-Jones, 리차드 존스Richard Jones(에드워드 번존스의 아버지), 에드워드 번존스, 윌리엄 모리스. 앞줄 왼쪽부터 조지아나 번존스Georgiana Burne-Jones, 제니 모리스Jenny Morris, 마거릿 번존스Margaret Burne-Jones, 제인 모리스, 메이 모리스.

• 메이 모리스와 동시대에 활동한 영국의 라파엘 전파 화가 마리 스파탈리 스틸먼Marie Spartali Stillman의 〈켈름스콧 저택 정원의 여인A Lady in the Garden at Kelmscott Manor〉(1905년경). 라파엘 전파의 위대한 여성 화가인 마리는 20세기 초반 켈름스콧에 방문하여 정원 그림을 여럿 남겼다.

프레데릭 홀리어Frederick Hollyer가 1884년 촬영한 윌리엄 모리스

켈름스콧의 예술가들

활동 시기

윌리엄 모리스(1871~1896년)
단테이 게이브리얼 로세티(1871~1874년)
메이 모리스(1871~1938년)

켈름스콧은 1871년부터 1938년까지 70여 년간 세 예술가의 삶의 중심에 자리했다. 윌리엄 모리스에게 켈름스콧은 휴식의 공간이었다. 그의 작품 중 다수의 직물과 벽지가 이곳의 자연환경과 식물에서 영감을 받아 만들어졌다. 미술공예운동의 신념을 주창한 윌리엄 모리스는 당대 최고의 화가이자 공예가였다. 윌리엄 모리스의 스승이자 친구였던 로세티는 라파엘 전파를 결성했고, 중세 예술을 향한 관심을 공유하는 다음 세대의 영국 화가들을 위한 기반을 다졌다.

로세티는 윌리엄 모리스의 아내 제인과 사랑에 빠졌고 많은 작품 속에 그녀를 담았다. 윌리엄과 제인의 딸 메이 모리스는 아홉 살 때부터 켈름스콧에서 가족들 그리고 로세티와 함께 지냈고 이후 자수 공예를 배워 모리스앤코Morris & Co.에 합류했다. 메이 모리스는 전통 직물historic textile 분야의 강연을 진행하며 꾸준히 디자인과 수채화 작업을 이어갔다.

집이 기억을 갖고 있다면 옥스퍼드셔의 켈름스콧 저택에는 아주 많은 기억이 쌓여 있을 것이다. 미술공예운동을 이끌어나간 윌리엄 모리스와 화가이자 자수 공예가였던 그의 딸 메이 모리스, '최후의 라파엘 전파Pre-Raphaelites'라 불린 화가 단테이 게이브리얼 로세티까지, 창조적인 세 예술가의 삶의 중심에는 17세기 초에 지어진 켈름스콧의 집과 정원이 있었다. 이 집의 기억 속에는 윌리엄 모리스의 아내이자 로세티의 연인이었으며 이들의 모델이자 뮤즈였던 제인 버든 모리스Jane Burden Morris와 화가 에드워드 번존스Edward Burne-Jones, 건축가 필립 웨브Philip Webb를 비롯한 다른 이들도 함께 자리하고 있다.

런던 예술가들이 쉬어가는 전원의 휴양지에서 메리 모리스가 말년의 벗 메리 로브Mary Lobb와 함께 머물며 삶의 마지막 순간을 보낸 터전이 되기까지 켈름스콧 마을의 강가에 자리한 이 오래된 집과 정원은 예술가들이 써 내려간 역사의 배경이 되었다.

켈름스콧을 만들다: 윌리엄 모리스

1871년 켈름스콧 저택을 임차한 37세의 윌리엄 모리스는 이미 성공한 화가였을 뿐 아니라 1866년 시집 《지상낙원Earthly Paradise》으로 찬사를 받은 시인이었다. 아이슬란드 영웅 전설의 번역가이자 사업가였으며 미술공예운동으로 디자인의 부흥을 이끌어나가는 인물이었다.

에핑 포레스트Epping Forest의 우드퍼드 홀Woodford Hall에서 자란 윌리엄 모리스는 들판과 숲을 누비며 전원에서 유년 시절을 보냈다. 그가 아버지를 따라 도시로 떠나지 않은 것은 자연스러운 일이었고 15세에 입학한 말버러 칼리지Marlborough College에서도 멀지 않은 세이버네이크Savernake 숲으로 몰래 나와 스톤헨지와 실베리Silbury의 유적지를 돌아보며 역사와 자연을 향한 열정을 싹틔웠다.

윌리엄 모리스는 옥스퍼드대학교에 진학했고 1853년 학교에서 만난 화가 에드워드 번존스와 평생을 함께하는 친구가 된다. 윌리엄 모리스의 어머니는 아들이 성직자가 되기를 바랐지만 존 러스킨John Ruskin의 글과 찰스 다윈Charles Darwin의 새로운 사상을 접한 윌리엄 모리스는 예정된 진로를 거부했다. 스물한 번째 생일부터 1년에 900파운드라는 큰 금액을 물려받게 된 그는 경제적으로 독립했고 자신의 길을 개척해나가기 시작했다.

윌리엄 모리스는 옥스퍼드에서 건축가 조지 스트리트George Street의 도제로 일하며 젊은 건축가 필립 웨브를 만난다. 1857년 건축 사무소가 런던으로 옮겨가면서 두 사람도 런던으로 이사했다. 이 시기 단테이 게이브리얼 로세티는 에드워드 번존스를 제자로 삼고 미술을 가르쳤다. 윌리엄 모리스도 실력을 키우고자 합류하여 로세티의 가르침을 받았다. 1861년 이들을 비롯한 예술가들이 모여 모리스마셜포크너앤코Morris, Marshall, Faulkner & Co.라는 이름으로 중세 양식의 가구와 장식품을 수제작하는 회사를 자체 설립했다. 이 회사는 이후 모리스앤코가 되었으며 그냥 '그 회사The Firm'라고만 말해도 모두가 알 정도로 큰 성공을 거두었다.

책 삽화가 월터 크레인Walter Crane이
그린 〈붉은집The Red House〉(1907년)

순조로운 시작

어느 날 극장을 찾은 이 젊은 예술가들은 객석에 앉아 있는 매력적인 제인 버든을 발견했다. 1959년 4월 윌리엄 모리스는 그녀와 결혼했다. 하지만 제인 버든을 먼저 모델로 발탁한 것은 모리스의 6년 선배인 로세티였고 시간이 흐른 뒤 제인은 그의 연인이 된다.

결혼 후 윌리엄 모리스와 제인 모리스는 필립 웨브에게 켄트Kent 벡슬리Bexley에 집 건축을 의뢰했다. 부부는 건축학적으로 아주 뛰어난 이 붉은집The Red house에서 미술공예를 향한 열정을 더욱 키워갔다. 딸 제니Jenny와 메이가 붉은집에서 태어난 후 사업을 확장하면서 모리스 가족은 다시 런던으로 거처를 옮겼고 템스강변의 해머스미스Hammersmith에 정착했다. 사업을 운영하기에는 도시가 훨씬 편리했지만 윌리엄 모리스는 전원생활이 가능한 또 다른 삶의 방식을 고민했다. 그는 로세티와 함께 템스강 가까이 위치한 옥스퍼드셔의 켈름스콧 저택을 임차했고 1890년 이상적인 세상을 그린 그의 소설《유토피아에서 온 소식News from Nowhere》에 이곳을 상세히 묘사했다.

'높게 돋은 길을 따라가자 한편에 강물이 고여 있는 작은 들판이 나왔다. … 나도 모르게 벽에 있는 문의 걸쇠를 들어 올렸고 우리는 고택으로 이어지는 돌길에 서 있었다.'

모리스 가족은 두 차례 윌리엄 모리스가 고속 기차보다 선호했던 보트를 타고 켈름스콧에 가기도 했다. 켈름스콧 저택에는 일부러 가구를 거의 두지 않았기 때문에 필

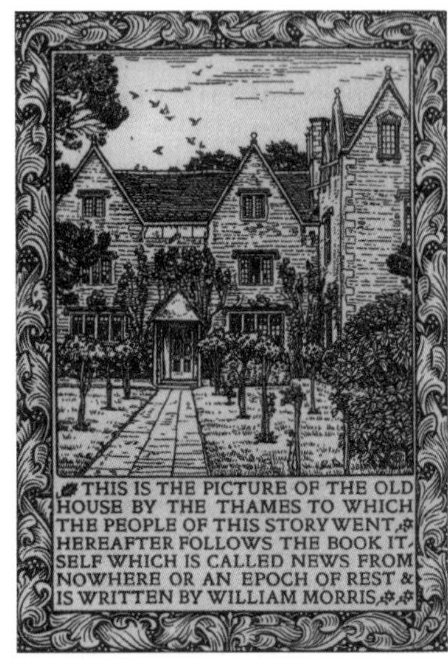

켈름스콧 저택의 모습이 판화로 표현된 윌리엄 모리스의 소설《유토피아에서 온 소식》(1890년)의 표지 그림

요한 것들을 모두 런던에서 들고 가야 해서 제인 모리스는 이곳에 방문하는 일이 마치 '소풍' 같다고 했다.

윌리엄 모리스는 커다란 타일이 꼭대기에서 경사를 따라 내려오며 점점 작아지는 지붕 형태부터 나무 패널로 이루어진 벽까지 집의 구석구석을 무척 마음에 들어 했다. 식물을 비롯한 자연 요소에 기반을 둔 디자인 제작에 영감이 되어줄 거친 느낌의 정원도 좋아했다.

윌리엄 모리스는 담을 두른 정원과 집을 임차했고 널따란 초원과 별채는 농장에서 사용했다. 정원 오두막에 상주하는 정원사도 계약에 포함되어 있었다. 열성적인 사회주의자였던 윌리엄 모리스는 정원사가 늘 모자를 벗고 예의를 갖추어 인사하는 것을 불편하게 여겨 그러지 말아달라 부탁했다고 한다.

켈름스콧에 함께 머물다

모리스 가족이 켈름스콧 저택을 임차한 이유 중 하나는 이 시기 관계가 깊어진 제인과 로세티가 런던에서 멀리 떨어진 이곳에서는 함께 있을 수 있기 때문이었다. 1871년 5월 윌리엄 모리스가 아이슬란드로 여행을 떠나면서 제인과 두 딸 제니, 메이는 로세티와 함께 켈름스콧으로 이사했다. 로세티는 창문 너머로 템스강과 수로 래드코트 컷 Radcot Cut이 보이는 1층 제일 좋은 자리에 작업실과 침실을 마련했다. 혼란한 감정이 소용돌이치는 가운데 로세티가 자신의 작품과 가구, 제인을 모델로 그린 많은 그림을 비롯해 온갖 짐을 들고 온 것도 문제였다. 집에 유용하거나 아름답지 않은 물건을 두는 것을 무척 싫어하였던 윌리엄 모리스가 아이슬란드에서 돌아왔을 때 집은 엉망진창이었다.

**"… 담과 집 사이의 정원에는
6월의 꽃향기가 가득했고
잘 손질된 향기로운
작은 정원에 한가득 장미가
서로 엉켜 피어났다."**
- 윌리엄 모리스(1890년)

제인과 로세티의 관계가 끝에 다다른 1871년 9월 윌리엄 모리스는 가족들과 함께 런던으로 떠났고 로세티는 비참한 마음으로 홀로 켈름스콧에 남았다. 제인 모리스의 두 딸아이에게 꽃을 꺾어주며 여름을 보냈던 집에는 1872년 추운 겨울이 매섭게 찾아왔다. 로세티는 켈름스콧에 머무는 동안 몇 차례 자살 시도를 하고 마을 사람들에게 위협적인 행동을 하기도 했지만 제인을 모델로 한 〈페르세포네Proserpine〉를 비롯해 여러 걸작을 완성했다. 로세티는 1874년 켈름스콧을 떠나 다시 돌아오지 않았다.

• 1896년 프레더릭 H. 에번스Frederick H. Evans가 촬영한 켈름스콧 저택의 동쪽 전면부와 과수원

• G.F. 와츠Watts가 그린 단테이 게이브리얼 로세티의 초상화. 제인 버든과 사랑에 빠진 로세티는 켈름스콧 저택으로 거처를 옮겨 제인과 그녀의 아이들과 함께 지냈다.

•• 로세티가 제인을 모델로 그린 여러 작품 중 제인이 가장 좋아했던 〈쥐꼬리망초〉(1871년). 강 건너 먼 배경에 켈름스콧 저택이 그려져 있다.

••• 로세티는 제인 버든을 뮤즈이자 모델로 하여 고대 신화 속 페르세포네Proserpine를 그린 작품을 여덟 점 이상 남겼다. 그는 1882년 사망하기 직전까지 이 작품을 작업했다.

자연에서 온 디자인

1880년대에 윌리엄 모리스를 중심으로 일어난 미술공예운동은 산업혁명을 거치며 시장에 쏟아져나온 낮은 품질의 공산품에 대한 반발로 시작되었다. 건축과 미술, 인쇄 업계 현장의 전문가들은 물건을 보다 온전하고 진실되게 만들 수 있는 방식에 대해 고심했다. 윌리엄 모리스는 우선 커튼과 침대 커버, 카펫, 가구와 벽지 등 가정에서 쓰이는 물건이 만들어지는 과정을 이해해야 한다고 믿었고 모든 생산 공정에 직접 참여했다. 수제작 디자이너였던 그는 카펫을 짜고 매듭을 짓고 자수를 놓는 방법을 스스로 익혔다. 1878년에는 500시간을 들여 지금 켈름스콧에 걸려 있는 '아칸투스와 포도 덩굴Acanthus & Vine' 태피스트리를 짜기도 했다.

켈름스콧의 정원은 모리스앤코의 제품 디자인에 지속적인 영감을 주었다. 윌리엄 모리스는 켈름스콧에서 직물에 천연 염색을 시험해보고 런던으로 가져가 대량으로 생산했는데 딸 메이 모리스도 이 과정에 함께하곤 했다. 윌리엄 모리스는 스태퍼드셔 리크Leek의 워디Wardie 실크 제작자들과 함께 염색을 연구했으며 항상 자연에서 염료를 찾고자 노력하여 꼭두서니madder에서 빨간색, 목서초weld에서 노란색, 쪽indigo에서 파란색 염료를 얻었고 쪽에 대청woad을 섞어 색감을 조정하기도 했다.

켈름스콧에서 영감을 받아 탄생한 모리스앤코의 디자인에는 딸기밭을 노리는 개똥지빠귀를 모티프로 한 '딸기 도둑The Strawberry Thief'과 윌리엄 모리스의 작품으로 오해받곤 하지만 딸 메이 모리스의 작품으로 현관을 타고 자라는 덩굴 식물을 보고 디자인한 '인동덩굴Honeysuckle'(271쪽 아래 이미지) 등이 있다. 메이 모리스가 기억하고 있듯 윌리엄 모리스는 1874년 버드나무 패턴의 벽지를 제작하기 위해 켈름스콧의 강변에 있는 버드나무 잎을 면밀히 살펴보곤 했다. 이 제품은 더욱 자연스럽게 묘사된 1887년 '버드나무 가지Willow Bough' 벽지로 이어졌다. '케닛Kennet' 또한 집 가까이에서 흐르던 템스강의 강물과 꽃에서 영감을 받아 제작된 디자인이었다.

켈름스콧 집이 되다

윌리엄 모리스에게 쉼터였던 켈름스콧은 딸 메이 모리스에게는 평생을 머문 집이 되었다. 메이 모리스는 가족 중 켈름스콧에서 가장 오랜 시간을 보냈고 정원을 가꾸며 디자인 작업을 지속했다.

메이 모리스는 아름다운 물건과 창조적인 사람들, 흥미로운 건축물과 공예 작업 가운데서 자라났다. 벡슬리의 붉은집에서 태어나 런던 중심부 모리스앤코의 유리 채색 작업장 옆에서 성장했다. 어머니와 언니 제니, 친척들과 친구들 모두가 벽에 거는 장식품부터 북 커버까지 온갖 물건을 바느질해 만들거나 자수를 놓았다. 아홉 살부터는 켈름스콧에서 지내며 그녀를 가장 아끼던 로세티가 그림 그리는 모습을 지켜보곤 했다. 이렇게 자라난 메이 모리스가 창의적인 예술성을 갖게 된 것은 너무도 자연스러운 일이었다.

메이 모리스는 1878년 현재 왕립예술학교Royal College of Art가 된 국립예술훈련학교National Art Training School에 입학해 자수를 배웠고 중세 자수를 전공했다. 23세에는 모리스앤코에서 자수 부서를 담당했다. 뛰어난 수채화 화가이기도 했던 메이 모리스는 모리스앤코의 벽지 디자인도 맡아 인동덩굴 모티프를 활용한 벽지를 작업했다. 윌리엄 모리스에 비해 덜 양식화된 메이 모리스의 디자인은 꽃이나 이국적인 과일보다는 초원과 생울타리를 모티프로 활용했고 초기 스케치를 살펴보면 식물학적으로 정확하게 그린 디자인을 선호했음을 알 수 있다.

메이 모리스는 윌리엄 모리스의 사회주의적 이상을 따라 제1차 세계대전 발발 전까지 지속된 미술공예운동의 주창자가 되었다. 아버지가 살아 있는 동안 메이 모리스의 예술 활동은 회사 작업에 국한되었지만 1896년 윌리엄 모리스가 세상을 떠난 후 경제적으로 독립한 그녀는 전통 직물 분야를 이끌며 고유한 영역을 개척해나갔다. 메이

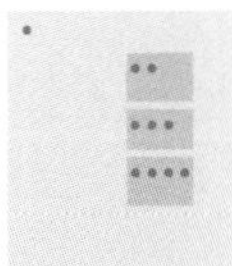

- • 모리스앤코의 대표적인 디자인 '제비꽃과 매발톱꽃Violet & Columbine' 퍼니싱 패브릭(1883년)
- •• '버드나무 가지' 벽지(1887년)
- ••• '딸기 도둑' 퍼니싱 패브릭(1883년)
- •••• '케닛' 퍼니싱 패브릭(1883년)

모리스는 34세에 주얼리 제작과 방적, 직조까지 기술의 범위를 넓혔다. 당시 예술계 종사자 길드에서 배척되었던 여성들을 위해 1907년 여성예술가길드Women's Guild of Arts를 창립했다. 1909년에서 1910년으로 넘어가는 겨울에는 미국 순회 강연도 시작했다.

켈름스콧 저택으로 돌아온 메이 모리스는 수도관도 전기도 없이 간소한 생활을 이어나갔다. 임차해 지내던 켈름스콧을 1913년 매입하고 1년 후 어머니 제인 모리스가 세상을 떠나자 직접 공사를 감독하여 그녀를 기리기 위한 작은 집을 지었다.

1917년 메이 모리스는 근처 농장에서 일하던 메리 로브를 집에 들인다. 메리는 요리와 집안일을 맡아 저택을 관리했으며 두 사람은 여러 차례 아이슬란드로 모험을 떠나고 말을 타고 여행하고 야외에서 캠핑도 하며 일생을 함께하는 동반자가 되었다. 1938년 메이 모리스는 평생의 집으로 여기고 살아간 켈름스콧에서 숨을 거두었다.

켈름스콧의 정원

두 차례의 전쟁 사이, 옥스퍼드셔의 켈름스콧에서 메리 로브와 함께 살아간 메이 모리스는 매일 아침 정원 산책으로 하루를 시작해 집 안을 장식할 꽃들을 꺾고 텃밭에서 채소를 땄다고 한다. 메이 모리스는 켈름스콧의 정원에서 꽃을 비롯한 자연물을 모티프로 수백 점의 자수 작품을 디자인했다.

담이 둘러진 정원에는 과수원과 텃밭, 테두리 화단 그리고 오래된 오디나무가 있었다. 《유토피아에서 온 소식》 표지 그림 속 동쪽 현관으로 이어지는 길 양옆에는 스탠더드 장미가 있었는데 메이 모리스가 1920년대에서 1930년대 사이 산사나무 꽃may을 옮겨 심은 것으로 보인다. 옛 사진을 보면 집 북쪽에 장미와 수구등, 인동덩굴이 타고 자랄 수 있는 투박한 나무 울타리가 있었고 울퉁불퉁 형태를 낸 생울타리도 있었다는 것을 알 수 있다. 윌리엄 모리스는 아이슬란드에 다녀온 뒤 주목 생울타리를 고대 스칸디나비아의 뵐숭가Völsunga 영웅 전설 속 짐승 파프니르Fáfnir의 형태로 다듬었다. 처음에는 용의 형태가 뚜렷하지 않았는데 이후 정원사들이 뱀의 머리와 긴 꼬리를 만들면서 윌리엄 모리스가 의도한 모습은 아니지만 용에 가까운 형태가 되었다.

정원 너머의 초원은 마을의 개울로 이어졌다. 이 개울은 18세기에서 19세기에 물을 끌어올리기 위해 만든 것으로 보인다. 초원을 가로지르는 길에 늘어선 가지를 짧게 친 버드나무들은 윌리엄 모리스와 메이 모리스의 작품에 주요한 영감이자 모티프가 되었다. 로세티가 켈름스콧에서 완성한 명작 〈쥐꼬리망초Water Willow〉(1871년)에서 제인의 뒤 배경으로 그려진 집과 강에서 알 수 있듯 집 가까이에서 흐른 강물은 로세티에게도 큰 영감이 되었다.

• 로세티가 켈름스콧 저택에서 지낸 1871년에서 1872년 사이에 분필로 그린 아홉 살 메이 모리스의 초상화

•• 1883년쯤 메이 모리스가 디자인한 모리스앤코의 '인동덩굴' 벽지

켈름스콧 되살리기

켈름스콧의 집과 정원을 되살리는 과정은 역사 건축물 보존을 둘러싼 20세기 분위기의 영향을 받으며 진행되었다. 메이 모리스는 켈름스콧이 아버지의 기억을 간직하며 예술가와 학자들의 안식처로 보존되기를 원했다. 옥스퍼드대학교는 단기 임차인들을 구하기도 했는데 1952년 켈름스콧에 대한 다큐멘터리를 만들었던 시인이자 운동가 존 베처먼John betjeman도 그중 하나였다. 1960년대에 켈름스콧의 소유권이 윌리엄 모리스가 회원으로 활동했던 유물협회Society of Antiquaries로 넘어갔을 때는 광범위한 보수가 필요한 상태였다.

켈름스콧은 지붕에서 물이 새서 나무가 썩고 있었고 조화롭지 않게 진행된 증축으

• 1930년대에 촬영된 켈름스콧의 초록방Green Room에서 창문 밖을 내다보는 메이 모리스. 윌리엄 모리스가 방 내부의 나무 패널을 직접 조색한 초록색으로 칠해 초록방이라는 이름이 붙었다.
•• 1880년대 초반 작업한 메이 모리스의 수채화 〈오래된 헛간에서 바라본 켈름스콧 풍경View of kelmscott from the Old Barn〉

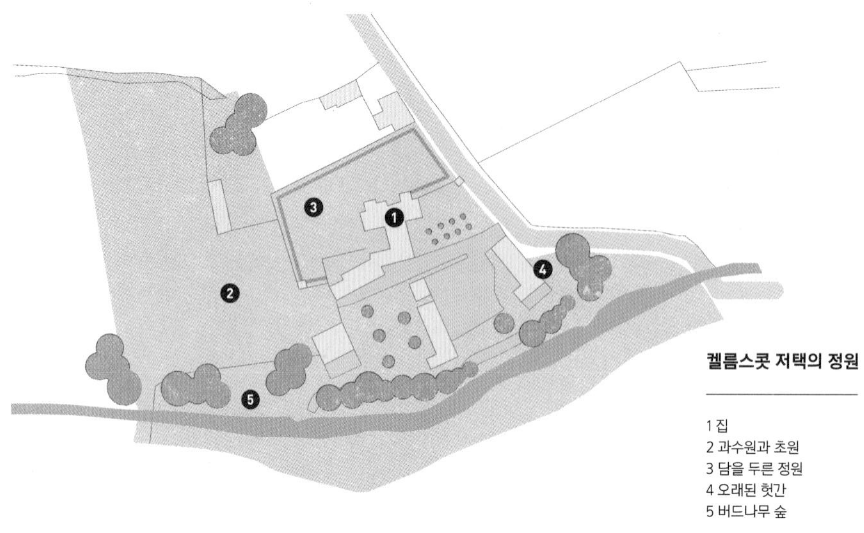

켈름스콧 저택의 정원

1 집
2 과수원과 초원
3 담을 두른 정원
4 오래된 헛간
5 버드나무 숲

로 인해 메이 모리스의 바람처럼 그대로 보존하기가 불가능했다. 상주하며 집을 관리할 사람도 필요해 남쪽을 주거 공간으로 하고 북쪽을 공용 공간으로 활용하기로 계획했다. 보수 공사에는 윌리엄 모리스가 창립한 협회인 '고건축보호협회The Society for the Protection of Ancient Buildings(SPAB)'도 함께 참여했다. 복원이 아닌 보존의 중요성을 강조하며 필수적인 공사만을 완료한 켈름스콧은 1967년 대중에 공개되었다.

정원은 집의 보존 공사가 먼저 진행되는 동안 그대로 유지되다가 1993년 협회에서 모은 기금으로 브렌다 콜빈Brenda Colvin과 할 모그리지hal Moggridge의 회사에서 공사를 시작했다. 과수원을 원래 위치에 복구하고 텃밭이 있던 자리에는 크로케 경기가 가능한 잔디를 깔았다. 윌리엄 모리스의 아칸투스와 포도덩굴 패턴에 등장하는 포도덩굴이 타고 오르는 퍼걸러를 추가했고 윌리엄 모리스와 메이 모리스의 수많은 작품에 영감을

• (왼쪽 위부터 시계방향) 1871년 윌리엄 모리스가 켈름스콧 저택에 왔을 때부터 있던 오디나무; 집 북쪽의 코티지정원; 관목 장미 폴스타프Falstaff; 윗가지를 친 강가의 버드나무; 과수원과 화단을 구분하는 나무 울타리와 울타리를 타고 자라는 고대 장미; 초록방 창문 밖으로 보이는 오래된 오디나무

나무와 돌로 지은 오래된 노천 화장실로 지금은 무성하게 자란 텃밭의 스위트피sweet pea에 덮여 있다.

준 식물들을 함께 심었다. 고대 스탠더드 로즈가 자리하고 있던 집 앞쪽에 분홍빛 장미를 심었는데 꽃의 분홍빛이 입구에서부터 중앙까지 짙어지다가 집에 가까워지면서 서서히 옅어지도록 했다. 오래된 오디나무가 우뚝 서 있는 집의 서편에는 회양목으로 테두리를 두른 화단에 윌리엄 모리스와 메이 모리스의 작업에 중요한 역할을 했던 작약과 고대 장미, 풀협죽도phlox, 아칸투스, 영국 아이리스를 채웠다. 윌리엄 모리스에게 정원은 보고 즐기기만 하는 풍경이 아니라 향기를 느끼는 공간이기도 했다. 어린 시절을 보낸 우드퍼드 홀의 텃밭을 떠올리게 하는 허브와 라벤더, 레몬밤을 심었고 오래된 노천

모리스 가족 연대기

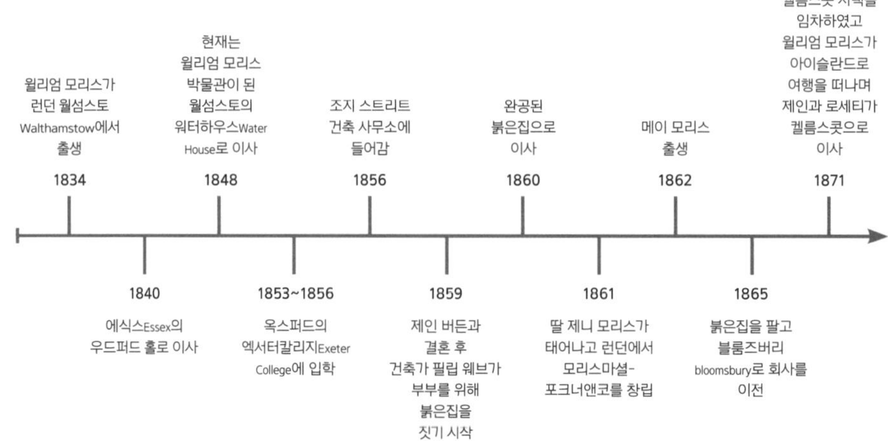

화장실 주변에도 이 식물들을 심고 딸기밭을 만들었다.

모리스앤코의 패턴 디자인은 끊임없이 밀려왔다 빠져나가는 바닷물처럼 계속해서 변화하는 유행의 흐름을 반영해왔다. 이제 더는 영감의 공간은 아니지만 켈름스콧에는 보다 근본적이며 오래 지속되어야 할 유산이 남아 있다. 기계가 아닌 인간의 능력을 믿고 자연을 존중하는 미술공예의 이상을 찾는 모든 이들을 포용한 윌리엄 모리스의 신념이 이 켈름스콧에 간직되어 있기 때문이다.

윌리엄 모리스는 양옆으로 스탠더드 장미가 피어 있는 길을 따라 집의 동쪽 현관으로 출입했다.

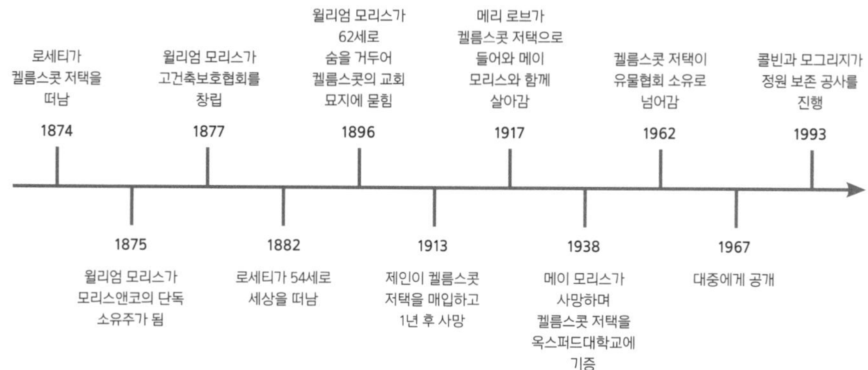

뉴잉글랜드 인상파

프레데릭 차일드 하삼, J. 올던 위어J. Alden Weir, 마리아 오키 듀잉Maria Oakey Dewing과 미국 동부 해안 화가 마을의 예술가들

코네티컷과 메인 그리고 뉴햄프셔New Hampshire, 미국

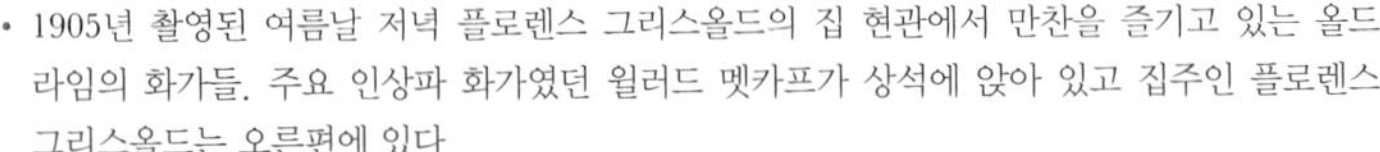

• 1905년 촬영된 여름날 저녁 플로렌스 그리스올드의 집 현관에서 만찬을 즐기고 있는 올드라임의 화가들. 주요 인상파 화가였던 윌러드 멧카프가 상석에 앉아 있고 집주인 플로렌스 그리스올드는 오른편에 있다.

• 플로렌스 그리스올드의 집 현관과 정원을 담은 윌리엄 채드윅의 〈피아차에서On the Piazza〉(1908년경). 잉글랜드 태생인 채드윅은 올드 라임에 정착하였으며 코네티컷의 화가 마을에 주기적으로 머물렀다.

J. 올던 위어의 〈자화상〉(1886년)

뉴잉글랜드 인상파 화가들(1880~1920년)

전원 풍경과 정원 모티프를 찾아 모여든 미국의 화가들은 서로 가르치고 배우며 여러 화가 마을을 이루었다. 이들은 전원의 화가 마을을 오가며 몇 주씩 머물기도 하고 집을 마련하여 정착하기도 했다.

올드 라임, 플로렌스 그리스올드Florence Griswold의 보딩 하우스 : 코네티컷 해안의 올드 라임에서 활동한 유명한 화가에는 윌러드 멧카프와 해리 호프만Harry Hoffman, 윌리엄 채드윅William Chadwick, 안나 리 메릿Anna Lea Merritt, 찰스 베진Charles Vezin, 프레더릭 차일드 하삼, 마틸다 브라운Matilda Browne 등이 있다.

위어의 농장, 코네티컷 : 보다 거친 자연 그대로의 풍경을 원했던 존 헨리 트와츠먼John Henry Twachtman, 차일드 하삼, 모리스 헌트Morris Hunt를 비롯한 많은 화가들이 J. 올던 위어의 농장의 매력에 이끌렸다. 위어의 딸인 화가 도러시 위어 영Dorothy Weir Young이 조각가 남편 마혼리 영Mahonri Young과 함께 농장을 역할을 지켜나갔다.

애플도어, 실리아 덱스터의 집 : 시인 실리아 덱스터는 숄스 제도에 있는 자신의 집에 차일드 하삼, 윌리엄 모리스 헌트와 여러 화가들을 초대했다.

코니시Cornish 화가 마을, 뉴햄프셔 : 마리아 오키 듀잉과 남편 토머스 듀잉Thomas Dewing, 윌러드 멧카프는 조각가 세인트 고든스Saint-Gaudens가 만든 코니시의 화가 마을에 빠져들었다.

미국의 인상주의는 모네와 르누아르, 드가, 마네 등 19세기 후반 유럽 화가들의 작품에서 영향을 받아 탄생했다. 그 과정에서 파리의 미술상 폴 뒤랑 뤼엘이 큰 역할을 했다. 뒤랑 뤼엘은 1883년과 1886년 프랑스 화가들의 작품을 미국에 가져왔고 유럽에서 미술을 배우며 예술성을 인정받은 미국 화가들의 작품과 함께 전시회를 열었다. 이 전시회를 통해 메리 커샛과 시어도어 로빈슨을 비롯한 화가들의 이름이 널리 알려졌다. 예술계의 새로운 움직임을 이끌어나간 미국의 인상파 화가들은 단순히 유럽 화가들을 따라 한 것이 아니라 정원과 자연에 대한 애정을 함께 나누며 자신들의 고유한 원동력을 찾아갔다.

새로운 시작

폴 뒤랑 뤼엘이 1883년 9월 파리의 전시회를 보스턴으로 옮겨왔을 때 프랑스의 인상파 화가들은 유럽에서 상반된 평가를 받고 있었다. 하지만 미국에서는 클로드 모네와 알프레드 시슬레, 피에르 오귀스트 르누아르, 에두아르 마네의 작품을 긍정적으로 평가했고 비평가들의 관심도 높았다. 성공의 가능성에 힘입은 뒤랑 뤼엘은 미국미술협회American Art Association의 초청으로 프랑스 화가들의 작품 250점을 포함해 총 300여 점의 작품을 뉴욕에 가져왔다. 두 번째 전시회에서는 미국에 잘 알려지지 않았던 베르트 모리조와 조르주 쇠라Georges Seurat, 귀스타브 카유보트의 작품들도 소개되었다.

인상파 전시회는 20세기 미국 화가들의 작품을 추가하여 뉴욕 내셔널아카데미

National Academy에서 이어졌고 계속해서 긍정적인 평가를 받았다. 전시회에 참여한 미국 화가 대부분은 인상주의가 미국의 예술계를 강타하기 이전에 이미 프랑스의 인상파 화가들에게 가르침을 받거나 이들과 함께 작업하고 있던 인물들이었다.

예술과 정원

메리 커샛은 생의 대부분을 파리에서 보냈고 유명한 〈말리의 정원에서 코바늘 뜨개질을 하고 있는 리디아〉(12쪽 참조)를 비롯하여 많은 작품을 파리에서 작업하였으나 최초의 미국 인상파 화가로 평가된다. 커샛은 프랑스 화가들과 전시회를 함께 한 첫 미국 화가였으며 이 전시회를 통해 미국의 동료 화가들이 인상주의 운동의 방향성을 제시하는 사상을 받아들일 수 있도록 영향을 끼쳤다. 혼합하지 않은 높은 채도의 물감을 자유롭게 실험적으로 사용하는 커샛의 작업 기법 또한 큰 영향을 미쳤는데 커샛이 파리에서 가깝게 지냈던 드가와 나란히 앉아 작업하며 발전시켜온 기법이었다.

뒤랑 뤼엘의 전시회는 19세기 후반 정원에 대한 관심이 높아지기 시작한 미국의 분위기와 밀접한 관련이 있다. 약용 식물과 식재료를 키우는 공간 정도로 여겨지던 정원이 볼거리와 휴식, 즐거움을 위한 공간으로 인식되기 시작했다. 이 시기 정원 가꾸기가 산업화에 대한 반작용이자 영국 미술공예운동의 영향으로 유행했다. 특히 코네티컷 우드버리Woodbury 글레베하우스뮤지엄Glebe House Museum 정원을 디자인한 거트루드 지킬의 회화적인 조경과 원예가 윌리엄 로빈슨의 글 그리고 윌리엄 모리스의 디자인에 큰 영향을 미쳤다. 당시 새롭게 형성된 미국의 중산층은 취미로 정원 가꾸기를 즐길 수 있었고 이 유행을 적극적으로 받아들였다.

플로렌스 그리스올드의 집

플로렌스 그리스올드는 올드 라임에 위치한 자신의 보딩 하우스에 전통적인 양식의 정원을 만들었고, 20세기 초반 인상파 화가들이 매해 여름 모여드는 공간이 되었다.

1880년대 후반 프랑스에 머무르던 미국의 화가들은 작품을 들고 본국으로 돌아가기 시작했다. 프랑스 지베르니에 있는 모네(198쪽 참조)의 집에서 시간을 보냈던 윌러드 멧카프가 1888년 보스턴에서 첫 인상파 개인전을 열었고 이후로 많은 전시회가 이어졌다. 미국의 화가들은 곳곳에 모여 생각과 기법을 이야기하고 나누는 느슨한 형태의 화가 마을을 형성했다. 그중 가장 활기를 띠었던 곳이 보스턴과 뉴욕의 중간쯤에 위치한 코네티컷 해안 올드 라임에 있는 플로렌스 그리스올드의 보딩 하우스였다.

배의 선장이었던 플로렌스 그리스올드의 아버지는 가족들에게 뉴잉글랜드의 저택과 6헥타르의 대지를 남겼지만 현금은 거의 없었다. 플로렌스 그리스올드는 손님을 받아 수입을 마련했고 화가 클라크 부어히스Clark Voorhees의 가족들이 초창기에 이 보딩하우스를 이용했다. 클라클 부어히스가 1899년 여름 올드 라임을 찾은 동료 화가 워드 레인저

화가들은 작품 활동을 함께 하는 한편 야외 수업을 열어 학생들을 가르쳤다.

올드 라임의 정원

1 플로렌스 그리스올드의 보딩 하우스
(현재는 플로렌스그리스올드미술관Florence Griswold Museum)
2 코티지정원
3 과수원
4 루테넌트Lieutenant강
5 화랑
6 꽃산딸나무Flowering dogwoods, 벚나무,
꽃사과나무crab apple

장미가 타고 오르는 퍼걸러가 있는 플로렌스 그리스올드의 코티지정원

Ward Ranger에게 보딩 하우스에 대한 이야기를 전했고 워드 레인저는 이듬해 여름 프랑스의 바르비종과 같은 화가 마을을 미국에 만들어볼 생각으로 여러 화가들과 함께 올드 라임에 돌아왔다.

조용한 전원 공간을 찾고 있던 화가들은 플로렌스 그리스올드의 정원에서 원하던 풍경을 찾았다. 작은 강이 정원을 가로질렀고 그림을 그릴 수 있는 숲과 들판도 있었다. 이곳에 모인 화가들은 이미 실력이 입증된 저명한 화가들로 동료 화가들과 함께하는 작업의 가치를 중시했다. 이들은 집과 정원을 누비며 따뜻한 날이면 현관에 모여 다 같이 식사를 하고 정원 안의 별채와 헛간을 임시 작업실로 썼다. 아침 식사 후에는 무리 지어 야외로 나가 휴대용 이젤을 세워두고 정원을 어떻게 표현하면 좋을지 의견을 나누었다. 비가 오는 날에는 꽃을 꺾어 실내에 두고 그림을 그렸다.

플로렌스 그리스올드는 일꾼들과 함께 과수원과 목초지, 가축들을 관리하며 농장을 운영했다. 부모님이 심어둔 식물을 노련하게 보살피는 정원사이기도 했다. 정원에서 직접 재배한 재료로 손님들의 식사를 마련했고 카탈로그를 보고 주문하거나 지역 농원에서 구입한 꽃씨로 꽃 정원을 풍성하게 확장했다. 라일락, 작약, 제라늄, 풀협죽도, 디키탈리스, 접시꽃, 아이리스, 원추리를 비롯한 꽃들이 자유롭게 가득 피어 '할머니의 정원grandmothers' garden'이라고도 부르는 오늘날 코티지정원의 느낌이 만들어졌다. 형식적이지 않은 그리스올드의 정원은 자연 그대로의 모습을 추구하는 화가들에게 좋은 작업 공간이었다. 그리스올드는 당시 콜로니얼colonial 양식의 부흥으로 구하기 어려운 보존 식물 품종들을 열심히 찾아다녔고 화가들에게 각자 집으로 돌아가면 정원에 심을 식물을 조언했다.

20세기 후반 플로렌스 그리스올드의 정원 복원이 시작되었고 길과 화단 테두리, 별채 건물들을 정확한 위치에 복구하기 위한 고고학적 조사 끝에 1910년대의 모습이

올드 라임에 있는 캐서린 루딩턴Katharine Ludington의 정원 풍경을 담은 마틸다 브라운의 〈작약Peonies〉(1907년).
10년 넘게 매년 올드 라임에 방문하던 브라운은 1917년 집을 매입하고 이곳에 정착했다.

되살아났다. 조사가 진행되는 동안 플로렌스그리스올드미술관의 관리자들은 화가들의 작품 속 풍경을 발견했고 오늘날 윌리엄 채드윅이 〈피아차에서〉(279쪽 참조)를 작업했던 자리에서 풍경을 바라보고 화가들이 거닐었던 길을 따라 걸어볼 수 있게 되었다.

거친 풍경의 농장

20세기 초반 미국의 화가들이 모여 창작열을 불태운 장소는 올드 라임뿐만이 아니었다. 지베르니에 머무르기도 했던 줄리언 올던 위어Julain Alden Weir는 1882년 코네티컷 브랜치빌branchville에 있는 70헥타르 규모의 농장을 정물화 한 점에 10달러를 얹어 매입했다. 사람의 손길이 닿은 그리스올드의 정원보다 더 거친 자연 그대로의 공간을 원한 화가들은 돌담이 가로지르는 초원과 숲의 풍경을 지닌 이 농장에 모여 여름을 보냈다. 1896년 위어는 〈무단결석생들The Truants〉 또는 〈오래된 바위The Old Rock〉로 알려진 작품을 출품해 보스턴 아트 클럽Boston Art Club에서 상금 2,500달러를 받았다. 이 돈으로 4헥타르의 대지를 더 매입해 농장에 연못을 만들었고 이 연못은 브랜치빌의 명소가 되었다.

위어의 농장에는 차일드 하삼과 앨버트 핀컴 라이더Albert Pinkham ryder, 존 헨리 트와츠먼을 비롯한 친구 여럿이 머물렀다. 농장의 풍경을 고유한 빛과 색으로 포착해낸 이들은 여러 측면에서 미국 인상주의를 대표했다. 자연적인 색감을 쓰고 농장을 배경으로 한 소박한 주제로 작업했던 존 트와츠먼의 명성은 이미 높아지고 있었다. 트와츠먼은 가족들과 함께 위어의 농장을 자주 방문했고 1888년 여름에는 농장과 가까운 곳에 집을 빌렸다. 고요히 외딴곳에 있는 브랜치빌을 사랑했던 트와츠먼은 위어와 나란히 앉아 광활한 풍경 속에서 함께 작업하곤 했다. 1888년에서 1889년으로 넘어가는 겨울에는 위어와 트와츠먼이 뉴욕에서 합동 전시회를 열어 트와츠먼의 〈브랜치빌의 사과나무Apple Trees at Branchville〉를 비롯한 작품들을 선보였다. 트와츠먼이 50세에 세상을 떠나고 난 뒤 위어는 친구의 작품을 전시하고 판매했으며 세상에 제대로 알려지지 않은

트와츠먼의 예술적 재능을 안타까워했다.

1919년 위어가 사망하자 그의 딸 도러시 위어 영이 남편인 조각가 마혼리 영과 함께 예술가들을 위해 농장을 유지했다. 농장과 가까운 곳에 살았던 위어의 막내딸 코라 위어 벌링햄Cora Weir Burlingham은 1930년대와 1940년대에 걸쳐 농장에 분지정원sunken garden과 테라스정원을 조성했다.

세 세대에 걸쳐 예술가들의 집이자 작업실, 정원이었던 긴 역사를 지닌 위어의 농장은 현재 국립공원관리청 산하에 있다. 참나무와 설탕단풍나무, 물푸레나무가 우거지고 6월이면 칼미아mountain laurel가 피어나는 28헥타르의 숲도 함께 관리되고 있다. 오늘날에도 위어가 사랑했던 정원과 자연 풍경에서 영감을 얻고자 하는 예술가들이 끊임없이 이곳을 찾고 있다.

• J. 올던 위어의 〈연못가에서의 오후Afternoon by the Pond〉(1908~1909년). 위어는 1896년 농장에 커다란 연못을 만들었고 친구들과 함께 그림을 그리고 낚시도 할 수 있는 이 연못을 무척 좋아했다.

•• 1790년대에 지어진 붉은 슬레이트 외벽의 집과 위어의 농장은 여러 세대의 예술가와 친구, 가족들이 머무르는 집이 되었다.

J. 올던 위어의 막내딸 코라 위어 벌링햄이 1930년대에 만든 분지정원

하삼의 안식처 애플도어

아버지가 호텔 경영자였던 시인 실리아 덱스터는 1890년대 초반 숄스 제도에서 가장 큰 섬인 애플도어에 화가 프레더릭 차일드 하삼을 초대했다. 미국의 모든 화가 마을에 방문해 본 하삼은 초대에 기쁘게 응했고 실리아 덱스터와 그녀의 정원을 그리며 보낸 첫 여름 후로 거의 매해 여름 애플도어를 찾았다.

실리아 덱스터는 기업가 레비 덱스터Levi Thaxter와 결혼한 후 남편을 통해 보스턴의 화가와 작가들과 활발히 교류했으며 특히 하삼과 친밀한 관계를 유지했다. 양귀비와 데이지가 피어난 실리아 덱스터의 정원을 담은 하삼의 그림들은 대표적인 미국 인상주의 작품으로 알려졌다. 당시 하삼의 영향력은 엄청나서 그가 머물렀던 화가 마을은 어디든 '인상파'라는 이름을 내세울 수 있을 정도였다.

작은 집과 정원에서 소박한 생활을 했던 실리아 덱스터는 자신의 일상에 애정을 담아 《섬의 정원An island Garden》을 썼고 1894년 호턴미플린사社에서 출간된 이 책에 하삼이 삽화를 그렸다. 적극적인 야생동물보호 활동가이기도 했던 실리아 덱스터는 당시 여성들의 모자 장식을 위해 이국적인 새 깃털이 거래되는 것에 반대하는 의미로 모자를 쓰지 않았다. 이는 작품 속 정원에 있는 그녀의 모습에서도 확인할 수 있다.

실리아 덱스터의 정원은 이곳을 찾아온 작가와 화가들 그리고 그녀 자신의 즐거움을 위한 공간이었다. 자유로운 모습으로 꾸며진 화단에는 원추리와 수레국화, 접시꽃이 한가득 피었고 해바라기는 정원 담 위로 높게 자라났다. 하삼은 종종 다른 곳에서 여름을 보내기도 했지만 언제나 애플도어로 돌아왔다.

1894년 실리아 덱스터가 세상을 떠나고 하삼은 더는 정원을 그리지 않았다. 하지만 그 후로도 30년 동안 거의 매해 애플도어를 찾아와 해안과 바다 풍경을 담은 300여 점의 작품을 남겼다. 현관이 덩굴식물로 덮인 실리아 덱스터의 작은 집과 그녀가 운영하던 호텔이 1914년 화재로 모두 소실된 후 1977년 코넬대학교와 뉴햄프셔대학교가 공동운영하는 숄스 해양연구소Sholes marine Laboratory의 존 킹스베리John Kingsbury 박사가 정원을 복구했다.

놀랍게도 설강화snowdrop와 원추리가 불 속에서도 살아남았고 정원의 나머지 부분도 실리아 덱스터의 1893년 정원 설계도 그대로 다시 조성했다.

• 애플도어에 있는 실리아 덱스터의 작은 집은 차일드 하삼을 비롯한 많은 화가와 작가들이 찾아오는 장소였다.

•• 차일드 하삼이 그린 애플도어의 정원에 있는 실리아 덱스터의 모습으로 그녀의 책 《섬의 정원An Island Garden》(1894년)에 실렸다.

정원과 여성 화가

실리아 덱스터가 애플도어의 정원에서 조용히 야생동물보호를 호소하던 시기, 미국 여성들에게는 참정권이 없었다. 참정권을 둘러싼 논쟁이 격렬하게 벌어졌다. 1898년 뉴욕에서 전시회를 열었던 '더 텐The Ten'이라는 이름의 영향력 있는 인상파 화가 모임의 구성원 10명은 모두 남성이었다. 그중 필립 레슬리 헤일Philip Leslie Hale의 〈크림슨 램블러The Crimson Rambler〉(1908년)가 논쟁의 중심으로 떠올랐다. 여성 모델을 감성적으로 그려낸 이 작품을 일부는 여성 참정권에 대한 반대로 받아들였고 일부는 여성에 초점을 둔 긍정적인 이미지로 보았다. (작품에 등장하는 '크림슨 램블러' 장미는 일본에서 재배된 품종으로 미국과 잉글랜드에 수출되어 큰 성공을 거두었다.) 이 작품을 두고 의견이 극명하게 엇갈렸고 작품 속 여성의 위치에 대한 논쟁을 불러일으켰다.

이러한 논쟁에 대한 대응의 일환으로 정원 안에서 여성의 역할을 주변적 요소가 아닌 필수적인 것으로 만들고자 하는 움직임이 시작되었다. 새로운 세기에 접어들며 더 많은 여성이 정원을 조성하고 설계하고 가꾸는 일에 뛰어들었다.

마리아 오키 듀잉과 안나 리 메릿을 비롯한 여러 화가들도 예술계에서 자신의 입지를 다지기 위해 노력했다. 특히 마리아 오키 듀잉은 화가 마을에서 살아가며 정원과 꽃을 그리는 작업과 정원 가꾸기를 생활의 중심에 두었다. 마리아 오키 듀잉은 조각가 어거스터스 세인트고든스Augustus Saint-Gaudens가 만든 코니시의 화가 마을에서 남편과 함께 여름을 보냈고 꽃을 잘 그려내기 위한 최고의 연습은 직접 땀 흘려 정원을 가꾸는 일이라 믿으며 정원에 식물을 심고 보살폈다. 그녀는 남편 토머스 윌머 듀잉Thomas Wilmer Dewing의 풍경화 속에 등장하는 가녀린 여성들과는 전혀 다른 느낌의 여성이었다.

마리아 오키 듀잉은 정원을 만들어나가는 여성으로서 정원에 필수적인 역할을 했

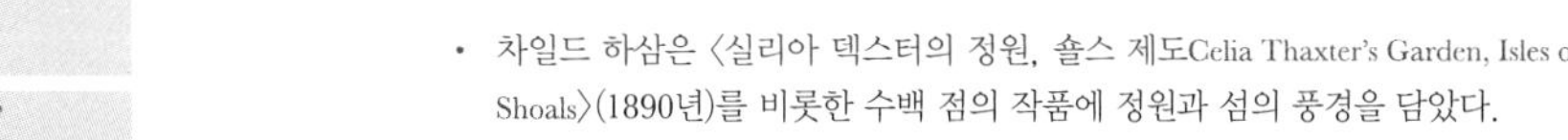

• 차일드 하삼은 〈실리아 덱스터의 정원, 숄스 제도Celia Thaxter's Garden, Isles of Shoals〉(1890년)를 비롯한 수백 점의 작품에 정원과 섬의 풍경을 담았다.

•• 실리아 덱스터는 해안가의 정원에 꽃을 심고 곤충 수분이 이루어지게 두었다.

다. 마리아 오키 듀잉의 〈양귀비 화단Bed of Poppies〉(1909년)을 보면 그녀가 두 손으로 땅을 짚고 무릎을 꿇고서 그림의 소재를 자세히 들여다보았다는 사실을 알 수 있다. 시간이 흘러도 그녀의 노력을 알아주는 사람은 많지 않았지만, 마침내 이 미국의 여성 화가는 반 고흐와 모네의 작품과 나란히 전시되는 작품들을 그려냈다.

"꽃에는 아름다움을 위해서만 존재하는 완전히 다른 아름다움이 있다."
– 마리아 오키 듀잉(1915년)

뉴잉글랜드 인상파 연대기

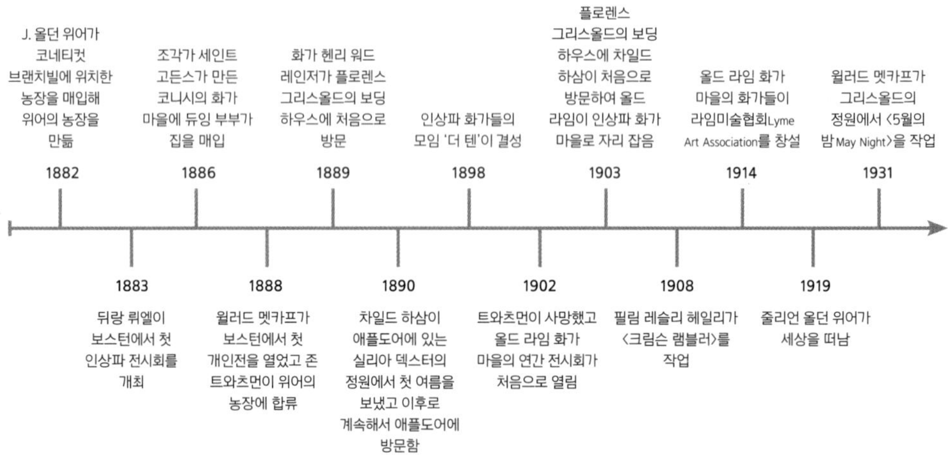

• 작품 속 여성의 재현에 대한 논쟁을 불러일으킨 필립 레슬리 헤일의 〈크림슨 램블러 The Crimson Rambler〉(1908년)

•• 마리아 오키 듀잉의 〈양귀비 화단〉(1909년). 모네가 지베르니에서 그린 그림들처럼 작품 중앙에 자연스럽게 피어 있는 꽃들을 그려 넣었다.

독일 표현파

바실리 칸딘스키, 가브리엘레 뮌터와 청기사Der Blaue Reiter파

무르나우Murnau, 바이에른, 독일

• 1913년 촬영된 바실리 칸딘스키와 가브리엘레 뮌터의 모습. 두 사람은 칸딘스키가 러시아의 고향으로 돌아가기 전까지 12년 동안 뮌헨과 무르나우에서 함께 살았다.

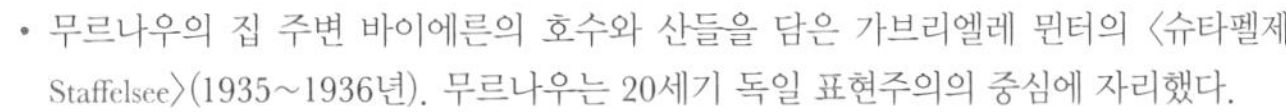

• 무르나우의 집 주변 바이에른의 호수와 산들을 담은 가브리엘레 뮌터의 〈슈타펠제 Staffelsee〉(1935~1936년). 무르나우는 20세기 독일 표현주의의 중심에 자리했다.

칸딘스키의 〈가브리엘레 뮌터〉(1905년)

무르나우의 예술가들

활동 시기

가브리엘레 뮌터(1909~1914년, 1931~1962년)
바실리 칸딘스키(1909~1914년)
요하네스 아이히너 Johannes Eichner(1935~1958년)

가브리엘레 뮌터와 바실리 칸딘스키는 1902년 뮌헨에서 처음 만났다. 사랑에 빠진 두 사람은 칸딘스키의 아내가 있는 뮌헨을 떠나 여행하며 그림을 그렸다. 1908년 바이에른의 무르나우를 방문하고 이듬해 마을 외곽의 집을 매입했다. 집은 그 자체로 하나의 예술작품이 되었을 뿐만 아니라 화가와 작가, 음악가들의 만남의 장소가 되었다. 1914년 전쟁이 발발하면서 칸딘스키가 러시아로 떠난 후 뮌터의 집은 빈집으로 남았다. 뮌터가 돌아와 1920년부터 1931년까지 머물렀고 1935년부터는 새로운 파트너인 미술사학자 요하네스 아히니어와 함께 정착했다.

1909년에서 1914년 사이 칸딘스키의 화풍은 후기 인상주의에서 추상주의로 변화했고 뮌터는 표현주의로 기울었다. 청기사파가 결성되었고 다리파(150쪽 참조)와 더불어 독일의 표현주의 화풍을 단단히 다져가는 데 핵심적인 역할을 했다. 가브리엘레 뮌터는 무르나우에서 보낸 마지막 30년 동안 생애 가장 활발한 작업 활동을 이어갔다.

도시에서부터 슈타펠제Staffelsee와 코헬제Kochelsee, 발헨제Walchensee의 호숫가까지 뻗은 바이에른 언덕의 뮌헨 남부 지역은 독일 표현주의 예술운동의 거점이었다. 그리고 그 중심에 화가 가브리엘레 뮌터의 아름다운 집과 정원이 있는 무르나우 마을이 있었다. 가브리엘레 뮌터의 곁에는 그녀의 파트너인 러시아 태생의 바실리 칸딘스키와 두 사람의 친구였던 알렉세이 폰 야블렌스키Alexej von Jawlensky와 마리아네 폰 베레프킨Marianne von Werefkin, 이웃 프란츠 마르크Franz Marc를 비롯한 위대한 예술가들이 함께했다.

지금은 뮌터의 집으로 알려졌지만, 20세기 초반 마을에서는 예술가들이 모여 있는 이 집을 '러시아 하우스'라고 불렀다. 뮌터와 칸딘스키가 만든 정원은 두 사람의 예술세계에 영향을 미쳤을 뿐만 아니라 새로운 삶의 방식을 보여주었고 친구와 동료들에게도 영향을 미쳐 청기사Der Blaue Reiter파의 결성으로 이어진다.

당시 여성은 주요 미술 아카데미에 입학할 수 없었기 때문에 1902년 24세였던 뮌터는 뮌헨에 있는 비공식 미술학교 팔랑스Phalanx에 입학했고 이 학교를 설립하여 학생들을 가르치고 있던 칸딘스키를 만나게 된다. 두 사람 사이에 사랑의 감정이 싹트게 되었지만, 칸딘스키가 유부남이었기에 함께 뮌헨을 떠나 4년 동안 튀니지와 네덜란드, 이탈리아, 프랑스를 여행하며 작품 활동을 했다. 실력 있는 사진가였던 뮌터는 사진과 그림으로 여행을 기록해두었다. 뮌터는 이 시기에 정원 풍경에 관심을 보였고 두 사람이 머물렀던 프랑스 세브르Sèvres의 생클루Saint-Cloud 공원의 모습도 남겨두었다.

무르나우 뮌터의 집

뮌터, 칸딘스키와 아주 가까운 친구였던 알렉세이 폰 야블렌스키와 마리아네 폰 베레프킨은 칸딘스키와 함께 수업을 듣기도 했고 여행도 즐겼다. 1908년 여름 네 사람은 무르나우의 그리스브라우Griesbräu 여관에 머물며 바이에른 풍경을 돌아보고 작품에 담았다. 뮌터에게는 평생 지속될 무르나우에 대한 애정이 시작된 시점이었다.

뮌헨에 돌아가 정착해 살아가던 뮌터와 칸딘스키는 무르나우를 처음 방문한 지 1년 만에 다시 이곳을 찾아 마을 외곽에 있는 새로 지어진 집을 매입했다. 처음에는 뮌터보다 칸딘스키가 더 적극적이었다. 뮌터의 부모님이 남겨 준 유산으로 집을 매입해 별장으로 쓰자며 뮌터를 설득했고 1909년 8월 21일 이 집은 뮌터의 명의가 된다.

전통적인 바이에른의 산장 형태로 지어진 집은 이 지역의 민속 예술에 대한 두 사람의 흥미를 자극했다. 난방이나 수도가 갖춰져 있지 않아 우물에서 물을 길어다 써야 했지만 두 사람은 큰 불편을 느끼지 않았고 전원에서 살아가

알렉세이 폰 야블렌스키의 〈무르나우Murnau〉(1908년). 알렉세이 폰 야블렌스키와 그의 파트너 마리아네 폰 베레프킨은 칸딘스키와 뮌터의 절친한 친구였다.

• 뮌터와 칸딘스키는 전통적인 바이에른 산장 형태로 지어진 이 집을 무척 좋아했다.
•• 화가들이 모여 시간을 보낸 뮌터의 집 다이닝룸
••• 1910년쯤 칸딘스키가 그림을 그린 계단을 비롯하여 뮌터와 칸딘스키는 모든 가구와 세간을 칠하고 장식했다.

가브리엘레 뮌터가 1910년 또는 1911년에 찍은 사진으로 바실리 칸딘스키가 정원을 일구고 있다.

는 소박한 생활의 일부라고 생각했다. 뮌터와 칸딘스키는 정원을 따라 내려가 도심으로 향하는 철길을 지나 성과 교회의 첨탑, 그 너머의 언덕까지 바라보이는 집의 풍경도 무척 좋아했다.

처음 집의 내부는 말 그대로 흰 도화지와 같았다. 뮌터와 칸딘스키는 부엌을 진한 파란색으로 칠하고 뮌헨에서 꽃무늬 리넨 커튼을 주문해 달았으며 대부분의 가구와 집 내부를 직접 칠하고 꾸며나갔다. 칸딘스키는 무르나우와 모스크바 모두에서 수호성인인 성 조지Saint George의 영웅담에서 영감을 받았고 집을 중세 회화와 러시아 민속 예술, 다른 유럽 지역의 원시 회화, 스테인드글라스, 나무 조각품으로 채웠다. 두 사람은 특히 바이에른 지방에서 발전한 유리 그림reverse-glass painting을 연구했고 1909년에서 1914년까지 칸딘스키가 33점의 유리 그림을 작업했다. 뮌터와 칸딘스키는 '진정한 예술'에 다가가고자 하는 마음으로 예술품들을 수집했다. 뮌터의 집에서 나눈 이야기와 생각들은 이후 청기사의 결성으로 이어졌다.

뮌터와 칸딘스키가 여러 종류의 채소와 장식용 꽃을 가꾸었던 집 앞의 원형정원. 현재 재정비된 무르나우의 정원에 복원되어 있다.

무르나우의 정원

뮌터와 칸딘스키는 무르나우에 머무르는 동안 열성적으로 정원을 가꾸었다. 두 사람은 정원을 어떻게 꾸밀지 끊임없이 이야기하며 그림으로 그리고, 씨를 뿌리고, 식물을 심고, 자라나는 과정을 일지에 기록해두었다.

1909년 7월 22일 뮌터가 그린 펜화 속에는 두 사람이 이곳에서 보낸 첫 여름의 정원 모습이 담겨 있다. 말뚝 울타리가 집과 정원을 모두 감싸고 현관부터 아래쪽 입구까지 나 있는 가파른 길이 집 앞쪽 정원을 둘로 나누고 있다. 길 양쪽의 넓은 땅에는 양배

"오늘날의 예술은 우리의 선조들이 예견하지 못한 방향으로 가고 있다. 《묵시록Apocalypse》의 기사들이 질주하는 소리가 들려온다. 유럽 전역에 가득한 예술을 향한 흥분이 느껴진다."
- 프란츠 마르크(1912년)

추가 보이고, 나무 배경이 되는 이웃집의 과일나무와 정원 안의 작은 오두막도 있다.

칸딘스키는 정원의 대부분을 차지하는 원형 화단을 새로 설계했고 1910년 정원 중앙에 해바라기를 심었다. 이듬해 본격적으로 정원 만들기를 시작했다. 원래 여러 차례 스케치를 하며 여섯 개의 동심원으로 이루어진 화단을 구상했지만, 결국 설계를 단순화했다. 무엇을 어디에 심을지는 정확하고 자세하게 정해두었다. 두 개의 길을 화단 중앙에서 교차해 네 부분으로 나눠진 각 화단 안에 작은 타원형 화단을 만들었다. 두 사람이 최종적으로 결정한 정원의 모습은 1911년에 그린 상세한 설계도에 담겨 있고 당

• 칸딘스키의 실험적인 색채와 형태 활용을 볼 수 있는 〈교회가 있는 무르나우〉(1910년)

시 뮌터가 찍은 정원 사진에서도 정원의 모습을 확인할 수 있다.

뮌터와 칸딘스키는 무르나우 정원에서 일할 때 바이에른의 전통 작업복을 즐겨 입었다. 칸딘스키는 고된 노동에 종종 불평하기도 했는데, 뮌헨에서는 예술에 쏟는 시간이 더 많은 데 비해 무르나우에서는 정원 일이 먼저라고 토로했다. 육체노동에 익숙하지 않았던 칸딘스키는 1912년 탈장 수술을 받았다.

1911년과 1912년은 '수확의 해'였다. 라즈베리와 딸기, 콜라비, 양파, 완두콩, 무, 상추, 시금치, 강낭콩을 비롯한 신선한 과일과 채소를 얻었고 해바라기와 델피니움, 달리아, 장미 등 꽃도 한가득 피어났다. 뮌터와 칸디스키는 정원에 무엇을 심을 것인지 놀라울 정도로 상세하게 계획했다. 식물을 심고 수확한 모든 일정을 정확히 기록했다. 작물을 심은 화단마다 번호를 매겨 식물이 자라나는 과정을 꼼꼼히 기록했는데, 칸딘스키는 수확량을 기록할 때 콩을 일일이 세서 무게가 아닌 개수로 적기까지 했다. 칸딘스키는 여행을 떠난 뮌터에게 '꽃이 피어나고 열매가 맺히고 있는 우리의 작은 정원에서 일하며 이 아름다운 날씨를 함께 즐기지 못해 너무나 안타깝다'며 애정어린 편지를 쓰기도 했다. 두 사람에게는 집뿐만 아니라 정원 역시 색채에 대한 사랑을 표현하는 수단이자 진정한 삶을 찾아가는 과정의 일부였다.

새로운 방향으로

1908년 무르나우에 오기 전까지 뮌터와 칸딘스키의 화풍은 넓은 의미의 후기 인상파로 볼 수 있었으며, 작은 규모의 야외 작업도 진행했다. 그사이 프랑스에 오래 머물다 돌아온 알렉세이 폰 야블렌스키가 무르나우의 화가들에게 고갱의 작품에서 영감을 받은 밝은 색채의 2차원 그림에 대한 관심을 불러일으켰다. 집을 보라색으로, 나무를 파란 색으로 칠한 칸딘스키의 〈교회가 있는 무르나우Murnau with a Church〉(1910년)에서 볼 수 있듯 표현주의적인 화풍이 드러나기 시작했다.

1909년 뮌터는 집 안과 마을 풍경을 그렸고 폰 야블렌스키와 폰 베레프킨과 함께 산에서 지내며 여러 습작을 남기기도 했다. 이 시기 뮌터와 칸디스키는 정원을 모티프로 한 작품은 거의 그리지 않았지만 칸딘스키가 1910년 여름 정원의 나무 그늘과 해바라기를 알아볼 수 있는 〈무르나우의 정원Garden in Murnau〉을 그렸다. 칸딘스키는 이 작품 다음으로 추상주의로의 방향을 분명히 한 연작 〈즉흥Improvisations〉, 〈인상Impressions〉, 〈구성Compositions〉을 작업했다.

청기사의 시대

무르나우에서는 언제나 손님들을 환영했고 오래 머무는 손님들은 정원 일을 돕게 되곤 했다. 뮌터의 화가 친구들 중에는 폰 야블렌스키와 폰 베레프킨 외에도 헤드위그 프뢰너Hedwig Fröhner, 에르마 보시Erma Bossi, 에미 드레슬러Emmy Dresler 등이 있었다. 보시와 드레슬러는 새로 결성된 뮌헨신미술가협회Neue Künstlervereinigung München(NKVM)의 회원이었으며 이 협회는 칸딘스키가 창립하였으나 그는 이후에 탈퇴했다. 칸딘스키와 뮌터는 근처의 진델스도르프Sindelsdorf에 사는 화가 프란츠 마르크와 이후 그의 아내가 되는 파트너 마리아 플랑크Maria Franck와도 가깝게 지냈다.

칸딘스키와 마르크는 1911년 초 처음 만나자마자 학문적인 교감을 형성했다. 두 사람은 시간이 될 때면 언제든 자전거를 타거나 걸어가 만나곤 했다. 그해 6월 칸딘

• 칸딘스키의 〈무르나우의 정원〉(1910년). 흐릿한 테두리에서 칸딘스키의 화풍이 사실주의에서 추상주의로 변화하고 있음을 알 수 있다.

•• 1912년 칸딘스키의 이름을 전 세계에 알린 〈즉흥 27Improvisation 27〉에서 추상주의로 나아간 화풍을 확인할 수 있다.

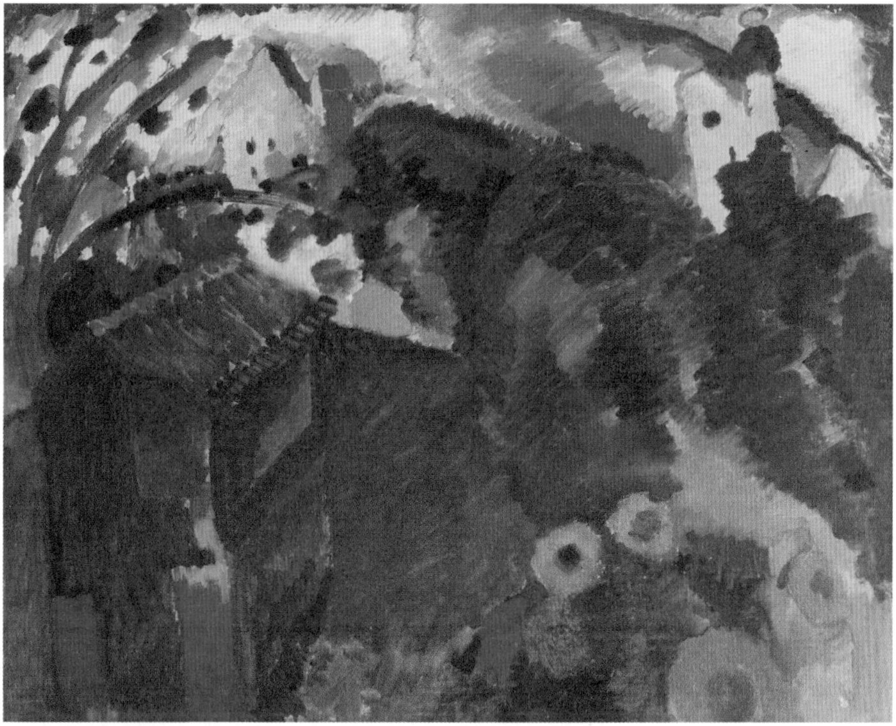

1911년경 가브리엘레 뮌터가 뮌헨에서 촬영한 청기사파의 화가들. 바실리 칸딘스키가 앉아 있고 뒤쪽에 왼쪽부터 마리아 마르크, 프란츠 마르크, 베른하르트 쾰러 시니어Bernhard Koehler Senior, 하인리히 캄펜동크Heinrich Campendonk, 토마스 폰 하르트만Thomas von Hartmann이 서 있다.

스키는 두 사람이 공동으로 편집하여 출간하게 되는 예술 연감 《청기사 연감Der Blaue Reiter Almanac》을 기획했다. 순수한 영혼성을 상징하는 푸른색과 새로운 길을 개척해나가는 자유로운 기사라는 낭만적 모티프까지 청기사에는 당시 칸딘스키의 모든 사상이 집약되어 있었다. 10월 뮌터의 집에서 모임이 이루어졌으며 아우구스트 마케August Macke와 그의 아내 엘리자베트Elisabeth도 자리했다.

NKVM의 심사위원들이 칸딘스키의 작품을 탈락시키자 이제 막 결성된 청기사 모임에서는 서둘러 '제1회 청기사 편집위원 전시회'를 준비했다. 1911년 12월 말부터 1912년 초까지 뮌헨의 탄하우저갤러리Thannhauser gallery에서 열린 이 전시회에는 칸딘스키와 뮌터, 마케, 마르크 그리고 미국 화가 앨버트 블로흐Albert Bloch의 작품이 전시되었다. 이어 1912년 2월부터 4월까지 뮌헨에서 칸딘스키의 이웃이었던 파울 클레의 작품을 포함한 제2회 전시회가 개최되었으며 한 달 후인 5월 《청기사 연감》이 출간되어 화제가 되었다.

이 시기 칸딘스키와 뮌터는 작곡가 아르놀트 쇤베르크Arnold Schoenberg를 만났고 무르나우를 자주 찾던 쇤베르크와 아내는 1914년 이곳에 별장을 마련했다. 음악을 늘 중요한 요소로 여겼던 칸딘스키는 쇤베르크의 회화 작품을 연감에 싣고자 그를 초대했다. 그들은 함께 시간을 보내며 회화와 음악의 합작 가능성을 확인했다. 칸딘스키는 작곡가의 사고도 화가의 그것과 유사하며, 그림을 완성하는 과정과 음악적 구조를 만들어내는 일 역시 매우 유사하다고 믿었다.

뮌터와 칸디스키는 무르나우에 찾아온 친구들뿐 아니라 미술상들에게도 근처의 숙소를 잡아주고 무르나우와 주변 마을을 구석구석 구경시켜주었다. 하지만 이처럼 한가로운 전원 생활은 1914년 8월 1일 갑작스럽게 끝이 났다. 전쟁이 닥쳐오면서 뮌터와 칸딘스키는 문을 걸어 잠그고 서둘러 뮌헨으로 떠났다. 러시아 태생의 칸딘스키는 하루아침에 적국의 국민이 되어버렸고 이틀 후인 1914년 8월 3일 두 사람은 스위스로 향했다.

칸딘스키가 떠나고

1914년 11월 칸딘스키는 모든 작품과 재산을 가브리엘레 뮌터에게 맡기고 러시아로 돌아가기로 했다. 뮌터는 1915년 뮌헨에 돌아와 그들이 살던 아파트를 잠가두고 도심의 안전한 창고 안에 칸딘스키의 작품들을 보관했다. 그러고는 중립국으로 떠나 스웨덴과 덴마크에서 칸딘스키가 돌아오기를 기다렸다. 1915년 칸딘스키가 스톡홀름에서 열린 뮌터의 전시회에 찾아와 잠시 재회했지만 이후로는 만나지 못했다. 칸딘스키는

1917년 뮌터와 모든 연락을 끊고 러시아인 니나 안드레예브스카야Nina Andreevskaya와 결혼했다. 이후 뮌터에게 맡겨둔 작품들도, 무르나우의 집도 다시는 찾지 않았다. 뮌터는 1918년과 1919년 코펜하겐에서 여러 차례 개인전을 크게 열어 100여 점의 작품을 전시했으며 소묘와 동판화, 유리 그림도 함께 선보였다.

1920년대에 예술 공동체의 소속감이 줄어들면서 뮌터는 독일로 돌아왔고 쾰른과 베를린, 파리에서 거처를 옮겨가며 지냈다. 그리고 1931년 무르나우로 돌아와 정착하기로 했다. 뮌터는 몇 년 전 베를린에서 만난 미술사학자이자 철학자인 요하네스 아이히너와 함께 무르나우에 살기 시작했고 두 사람은 남은 생을 함께하는 파트너가 된다.

뮌터가 무르나우에 돌아와 그린 작품 〈집의 그림Painting of House〉(1931년)을 보면 정원은 대부분 잔디에 덮여 있지만, 여전히 관목이 무성하고 정원의 파란 정자도 제자리를 지키고 있다. 이 작품 속에는 붉은 옷을 입고 창가에 앉아 정원을 바라보고 있는 애잔한 뮌터의 모습이 그려져 있다. 〈나의 정원Mein Garten〉(1931년)에는 직사각형 화단에서 일을 하는 푸른 옷의 아이히너가 담겨 있다. 이 시기 뮌터는 많은 작품을 그렸고 무르나우에는 그녀가 원하는 모든 것이 있었기에 작품의 소재를 찾아 나서지 않아도 되었다.

뮌터와 아이히너는 다시 정원을 가꾸어 신선한 식재료를 재배하기도 했지만, 칸딘스키가 만들었던 원형 화단의 모습을 복구하지는 않았다. 그것은 다음 세대에게 남겨진 일이었다. 뮌터와 아이히너는 집과 정원이 젊은 시절의 칸디스키가 머물렀던 공간으로 보존되기를 원했고 가브리엘레 뮌터와 요하네스 아이히너 재단Gabriele Münter and Johannes Eichner Foundation을 세워 세상을 떠나고 난 뒤에도 잘 관리되도록 했다. 뮌터는 자신의 작품도 전부 재단에 남겼다. 1957년 뮌터는 칸딘스키가 남긴 작품들을 뮌헨의 렌바흐하우스Lenbachhaus에 기증했으며 칸딘스키에 비해 그녀의 작품은 국제적인 명성

•

••

• 청기사파의 시작을 함께했으며 독일 표현주의를 이끌어나간 아우구스트 마케의 〈플라워 카펫Flower Carpet〉(1912년)

•• 1912년 출간된 《청기사 연감》을 위해 작업한 프란츠 마르크의 작품

을 크게 얻지 못하였지만 두 사람이 함께한 예술적 삶과 작품과 집, 그리고 정원이 잊히지 않기를 원했다. 그녀는 1962년 85세의 나이로 세상을 떠났다.

뮌터의 작품들은 생전에 스칸디나비아와 독일에서 널리 전시되었지만 1992년에야 렌바흐하우스에서 첫 대규모 회고전이 열렸다. 이어 2018년 뮌헨과 코펜하겐, 쾰른에서 130여 점이 전시된 대형 전시회가 개최되었다. 이 전시회를 통해 오랜 시간 칸딘스키의 그늘에 가려져 있던 가브리엘레 뮌터의 예술을 향한 다면적인 접근법과 뛰어난 예술성이 드러났다. 뮌터는 청기사파의 동료 화가들과 나란히 자신의 위상을 되찾았다.

독일 표현파 연대기

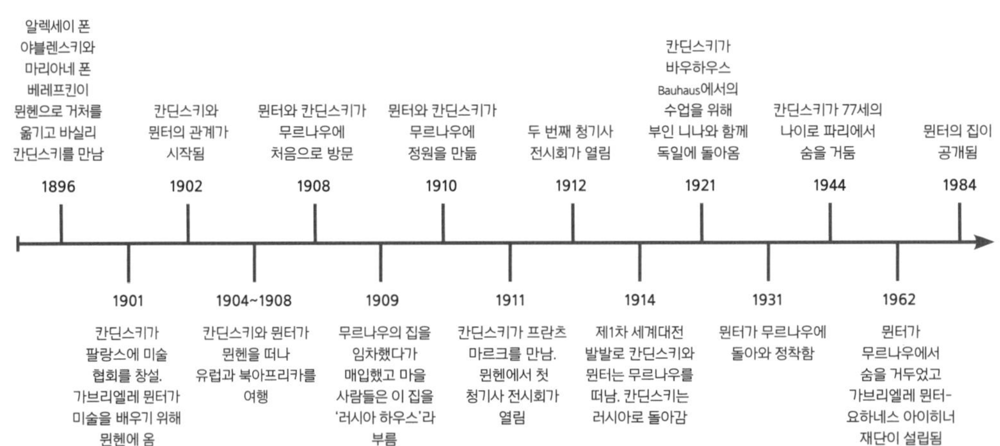

• 뮌터의 집 정원에서 마을의 무르나우 교회가 보이는 풍경
•• 뮌터가 무르나우에서 그린 〈검은 배경 앞의 꽃들Flowers on a Black Ground〉(1953년)

찰스턴Charleston의 예술가들

버네사 벨Vanessa Bell, 덩컨 그랜트Duncan Grant, 로저 프라이Roger Fry와 블룸즈버리그룹Bloomsbury Group

찰스턴, 서식스, 잉글랜드

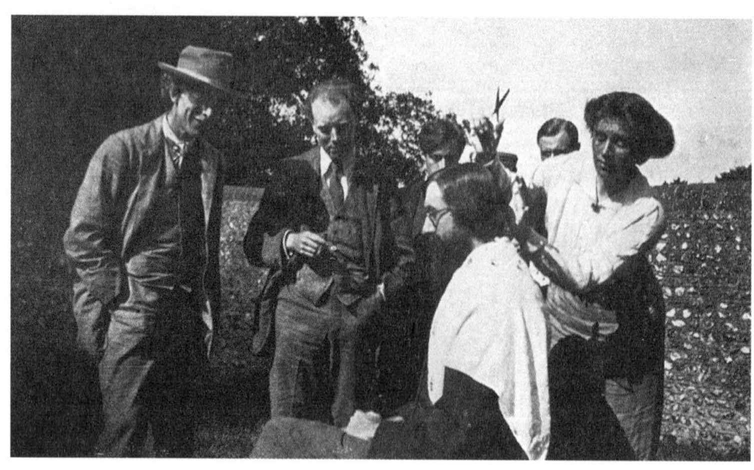

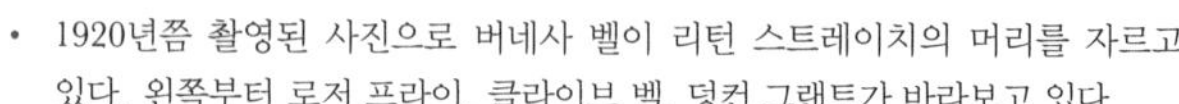

• 1920년쯤 촬영된 사진으로 버네사 벨이 리턴 스트레이치의 머리를 자르고 있다. 왼쪽부터 로저 프라이, 클라이브 벨, 덩컨 그랜트가 바라보고 있다.

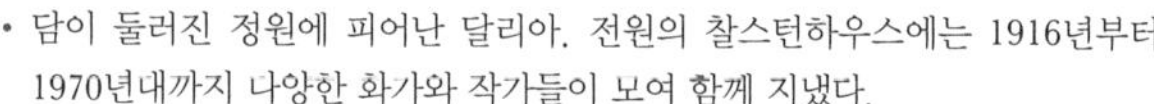

•• 담이 둘러진 정원에 피어난 달리아. 전원의 찰스턴하우스에는 1916년부터 1970년대까지 다양한 화가와 작가들이 모여 함께 지냈다.

담이 둘러진 정원에서 덩컨 그랜트와 딸 안젤리카의 모습(1927년)

찰스턴하우스의 예술가들

활동 시기

버네사 벨(1916~1961년)
덩컨 그랜트(1916~1978년)
쿠엔틴 벨 Quentin Bell(1916~1952년)
안젤리카 가넷 Angelica Garnett(1918~1942년)

찰스턴은 가족애와 우정, 예술을 향한 열정으로 이루어진 모임이었다. 이곳은 블룸즈버리그룹에게 전원의 안식처가 되었다. 예술비평가이자 디자이너였던 로저 프라이, 경제학자 존 메이너드 케인스John Maynard Keynes, 앤드루 로이드 웨버Andrew Lloyd Webber의 뮤지컬로 제작된 《사랑의 단면들Aspects of Love》을 쓴 소설가 데이비드 '버니' 가넷David 'Bunny' Garnett을 비롯한 여러 예술가들이 찰스턴하우스의 매력에 이끌렸다. 화가 버네사 벨과 덩컨 그랜트는 제1차 세계대전 중에 런던을 떠나 덩컨과 그의 애인 데이비드 가넷이 마을 농장에서 일하며 징병을 피할 수 있는 찰스턴하우스에 머물렀다. 찰스턴하우스는 그 자체로 예술가들의 유산으로 남았다. 이들의 작품에 중요한 모티프가 되었던 로저 프라이가 설계한 정원은, 버네사의 아들 조각가 쿠엔틴 벨과 화가인 딸 안젤리카에게 창작의 공간이 되기도 했다.

제1차 세계대전은 블룸즈버리그룹의 평화주의 작가와 화가, 학자들의 삶을 완전히 뒤바꾸었다. 1915년 여름, 런던에 폭격이 시작되자 많은 이들이 도시의 집을 버리고 시골로 떠났다. 1916년 1월 징병제가 도입되어 농사를 비롯한 '국가적 중요성'이 있는 일을 해야만 제외될 수 있게 되자 더 많은 이들이 시골로 향했다.

블룸즈버리그룹의 핵심 인물이었던 레너드 울프Leonard Woolf와 아내 소설가 버지니아 울프Virginia Woolf는 이미 사우스다운스에 애시엄Asheham이라 불리는 집을 두고 있었다. 레너드는 서식스 전원 지대 깊은 곳에 있는 오래된 농가 찰스턴이 임대되는 것을 알게 되었고 1916년 5월 버지니아가 언니인 화가 버네사 벨에게 편지를 써서 찰스턴에 와서 살 것을 권한다. 버네사는 남편 클라이브 벨Clive Bell과 별거하고 애인이었던 화가 덩컨 그랜트와 함께 서퍽Suffolk에서 살고 있었다. 버네사는 여동생과 가까운 곳에 살게 되어 기뻐했으며 자연 그대로의 느낌이 살아 있는 집은 물론이고 연못과 과일나무, 텃밭이 있는 정원을 무척이나 마음에 들어 했다.

독특한 가족

1916년 10월 벨과 그랜트, 벨의 두 아이 여덟 살 줄리언Julian과 여섯 살 쿠엔틴이 17세기에 지어진 이 농가에 도착했다. '버니'로 알려진 그랜트의 오랜 남자친구, 작가 데이비드 가넷도 그랜트와 동행했다. 찰스턴이 농촌에 있었던 덕분에 그랜트와 버니는 온종일 마을의 농부로 일하며 양심적 병역 거부를 할 수 있었다. 그동안 벨은 냉기가 도는 습한 농가를 집으로 바꾸어나갔다.

벨은 집 내부를 칠하고 꾸몄다. 이어 여러 예술가들이 각각의 방을 독창적으로 꾸며나가면서 찰스턴은 서서히 그 자체로 하나의 예술 작품이 되었다. 방의 구조를 설계하고 벽과 가구를 칠하고 집 안에 놓을 물건을 고르는 과정은 찰스턴에 머무는 내내 계속되었다.

빅토리아 시대풍의 집 앞쪽에는 잔디가 펼쳐졌고 담을 타고 담쟁이덩굴이 자랐으며 연못가에는 다듬어진 상록수 관목들이 늘어서 있었다. 농장 가축들의 목을 축이기 위해 만든 연못은 이 집과 정원에서 가장 두드러졌고 무성하게 가지를 드리운 커다란 버드나무와 함께 아이들의 놀이터이자 화가들의 주요한 모티프가 되었다.

집과 맞닿은 텃밭에는 담이 둘러져 있고 식재료가 되는 과일과 채소가 자랐다. 담 너머의 과수원은 덩컨 그랜트의 〈과수원에서의 수업Lessons in the Orchard〉(1917년) 속 모습처럼 벨의 아들들이 가정교사의 감시 속에 공부를 하는 교실이 되었다. 1918년 버네사 벨과 그랜트의 딸 안젤리카가 태어났고 이로써 독특한 가족이 완성되었다.

작업 공간

마침내 전쟁이 끝나자 벨과 가족들은 런던의 블룸즈버리로 돌아갔고 찰스턴은 별장으로 쓰였다. 1925년 벨은 주인 게이지Gage 경과 임차 계약을 연장하여 블룸즈버리그룹이 찰스턴하우스에 50년 더 머물 수 있게 했다. 그전까지 담이 둘러진 정원의 옛 군용 오두막에서 작업을 하던 벨과 그랜트는 계약을 연장하면서 집의 남서쪽 모퉁이에 작업실을 지었다. 런던에서 가까이 사는 두 사람의 친구이자 화가 로저 프라이가 작업실 건

• 찰스턴을 처음 알게 된 것은 버지니아 울프의 남편 레너드로 버네사 벨에게 이곳으로 와 가까이 지낼 것을 제안했다.

•• 〈찰스턴의 연못The Pond at Charleston〉(1919년경). 버네사 벨은 가축들이 목을 축이는 농가 앞의 오래된 연못을 무척 좋아해 여러 작품에 담았다.

"창문을 열어두고 침실 창가에 앉아 … 우리 정원을 제2의 베르사유로 만들고 싶어 한 쿠엔틴의 생각대로 테라스까지 넓게 펼쳐놓은 잔디밭을 바라본다."
- 버네사 벨(1940년)

축을 맡았다. 벨과 그랜트는 볕이 따뜻하게 들어오고 난로가 설치된 아늑한 작업실에서 편안히 작업에 집중할 수 있었다.

두 전쟁 사이인 1919년, 찰스턴에서 14킬로미터 정도 떨어진 로드멜Rodmell의 몽크스하우스Monk's House로 이사한 버지니아 울프와 레너드 울프가 자전거를 타거나 걸어서 이곳을 자주 방문했다. 경제학자 존 메이너드 케인스와 러시아 발레리나인 그의 아내 리디아 로포코바Lydia Lopokova, 화가 도라 캐링

- 1925년도에 지어진 난로가 있는 작업실은 집에서 가장 따뜻한 공간으로 덩컨 그랜트의 응접실로 쓰이기도 했다. 그랜트는 벽난로를 둘러싼 나무 패널에 그림을 그렸다.

•• 작업실에서 담이 둘러진 정원으로 향하는 풍경을 그린 덩컨 그랜트의 〈출입구The Doorway〉(1929년)

턴Dora Carrington, 작가 E.M. 포스터Foster와 리턴 스트레이치Lytton Strachey, 캐서린 맨스필드Katherine Mansfield, T.S. 엘리엇Eliot도 찰스턴에서 많은 시간을 보냈다. 하지만 찰스턴의 화가들은 일을 하느라 바빴고 손님들은 각자 알아서 시간을 보냈다. 그랜트와 벨은 의뢰받은 벽화와 직물 디자인, 클래리스 클리프Clarice Cliff 공장의 도예 작업을 하는 한편 꾸준히 고유한 화풍을 발전시켜나갔다.

서로를 도와

찰스턴과 그곳의 정원을 만들어가는 과정에 특히 중요한 역할을 한 인물이 있다. 1910년 로저 프라이가 런던에서 개최한 '마네와 후기 인상파' 전시회는 큰 논란을 불러일으켰으며, 자신들을 영국의 후기 인상파라 여기는 버네사 벨과 덩컨 그랜트에게도 막대한 영향을 미쳤다. 1911년 프라이는 버네사 벨과 연인 관계였고 벨이 그를 떠나 그랜트와 함께 살자 크게 낙심했지만 이후로도 가깝게 지냈다. 프라이는 유망한 많은 화가들이 생계유지에 어려움을 겪는 것을 보고 1913년 런던에 오메가 공방Omega Workshop을 열어 상업 제품 디자인과 제작을 통해 이들을 지원했고 그랜트와 벨도 초기에 오메가 공방을 통해 많은 작업을 의뢰받았다.

1917년 그랜트와 벨은 프라이에게 담이 둘러진 정원의 설계를 부탁했다. 이미 프라이는 유명한 디자이너이자 원예가였던 거트루드 지킬의 도움을 받아 길퍼드에 있는 자신의 집 더빈스에 테라스 정원을 설계해본 적이 있었다. 프라이의 〈길퍼드 더빈스에 있는 화가의 정원The Artist's Garden at Durbins, Guildford〉을 보면 이 정형정원을 참고해 찰스턴의 비탈진 남향 정원을 만들었음을 분명히 알 수 있다. 더빈스와 찰스턴의 정원 모두

로저 프라이의 〈길퍼드 더빈스의 화가의 정원〉(1915년경)에는 프라이가 찰스턴의 정원을 설계하기 전에 만든 본인의 정원 모습이 담겨 있다.

잔디밭이 넓게 펼쳐져 있고 더빈스에는 원형, 찰스턴에는 직사각형의 기하학적 형태의 연못이 있었다. 회양목 생울타리로 만든 기본 구조와 곧게 직선으로 뻗은 길, 꽃이 가득한 넓은 테두리 화단도 동일했다.

처음에는 담이 둘러진 정원 바깥쪽에 채소를 재배했는데 벨과 그랜트의 작품에 자주 등장하는 모티프인 아티초크를 비롯해 먹을 수 있는 식물들을 심었다. 두 사람은 정원의 꽃을 소재로 한 정물화 습작도 많이 남겼다.

벨과 그랜트가 주고받은 편지나 다른 사람들에게 보낸 편지들을 보면 두 사람은 카터의 씨앗 카탈로그Carter's Seed Catalogue를 보고 재배하고 싶은 식물들을 직접 골랐다.

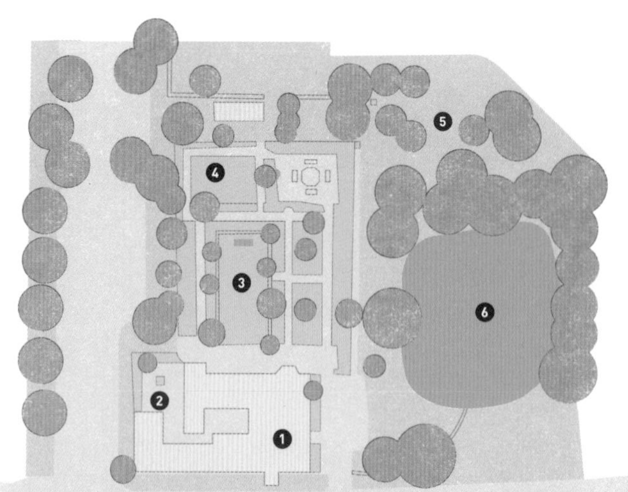

찰스턴의 정원

1 찰스턴 농가
2 그랜트의 폴리
3 담이 둘러진 정원
4 텃밭정원
5 과수원
6 연못

• 정원 아래쪽에 있는 텃밭정원. 벨과 그랜트는 아티초크처럼 구조적인 모양의 식물을 좋아했다.

두 사람은 코스모스와 샐피글로시스salpiglossis, 백일홍zinnia을 비롯한 한해살이 꽃들과 풀협죽도, 양귀비, 매발톱꽃, 니포피아red-hot pocker 등의 여러해살이 식물을 좋아했다. 벨과 그랜트는 '영' 미스터 스티븐스'Young' Mr. Stevens를 비롯해 여러 정원사의 도움을 받았다. 이후에는 1918년부터 버네사 벨의 충직한 가정부였던 그레이스 히긴스Grace Higgens의 남편 월터 히긴스Walter Higginsr가 큰 도움이 되었다.

로저 프라이가 정원을 설계하며 심은 식물 중에는 실용적이지 않거나 위치나 토양 상태와 맞지 않는 식물도 있었다. 잔디밭 가장자리에 심어둔 지중해 식물 산톨리나 카마이키파리수스cotton lavender는 과일나무가 드리운 그늘과 점성이 높은 중점토에서 잘 자라지 못했다. 하지만 로저 프라이의 의도대로 세네시오Sencio와 카네이션 등의 은빛과 회색빛 이파리는 다채로운 색상의 꽃을 돋보이게 했다. 마찬가지로 집 안 복도의 깔끔한 미색이나 회색으로 칠한 벽은 화려한 패턴의 방 사이사이 눈이 쉬어갈 수 있는 공간이 되었다.

찰스턴의 정원에 방문한 이들은 저마다 하나씩 새로운 요소를 더했다. 덩컨 그랜트는 예술학교에서 석고 흉상을 가져다 담 위에 올려두었고 작업실을 지으면서 만들어진 닫힌 공간에 '그랜트의 폴리Grant's Folly'라는 이름의 뜰도 만들었다. 데이비드 '버니' 가넷은 과수원에 벌집을 만들었고 3차원 작품을 만드는 예술가가 된 버네사의 아들 쿠엔틴 벨은 연못가에 있는 인상적인 〈공중에 떠 있는 여인Levitating Lady〉과 과수원의 미완성 벽돌 조각품 〈스핑크The Spink〉를 비롯한 여러 조각품을 설치했다. 버네사 벨은 찰스턴을 찾은 젊은이들이 나무마다 가득 열린 사과와 배, 복숭아의 풍요로움을 즐기며 정원을 노니는 모습을 묘사하기도 했다.

• 1935년 연못가에서 촬영된 사진으로 왼쪽부터 줄리언 벨, 리턴 스트레이치의 조카 재니 버시Janie Bussy, 안젤리카, 쿠엔틴 벨의 모습이다.

•• 담이 둘러진 정원 안의 직사각형 연못은 여름마다 찰스턴에 모인 가족과 친구들이 가장 좋아하는 공간이었다.

찰스턴의 담이 둘러진 정원

담이 둘러진 정원

남아 있는 사진 속 찰스턴의 정원 모습은 일관된 형식이 거의 없는 자연 그대로의 느낌이지만 20세기 초 담이 둘러진 정원의 모습은 달랐다. 담이 둘러진 정원을 담은 작품들을 보면 신중하게 골라 세심하게 가꾼 꽃들이 가득하다. 버네사 벨과 덩컨 그랜트는 찰스턴에서 수백 점의 꽃 그림을 그렸는데, 거의 모든 작품이 정원에서 피어난 꽃을 그린 것이었다.

봄이면 튤립과 수선화, 아우리큘라auricula를 그렸고 이어 초여름에는 접시꽃과 뱀무를 그렸다. 한여름부터 늦여름 사이의 정원에는 코스모스, 양귀비, 니포피아, 펜스테몬penstemon, 스위트피, 홑꽃과 겹꽃 달리아가 피어났다. 말려두었다가 겨울을 나는 동안 소재로 보관할 수 있는 루나리아honesty와 밀짚꽃everlasting flower도 작품에 중요한 꽃이었다.

집의 안과 밖

찰스턴을 방문한 예술가들은 찰스턴하우스의 안과 밖을 꾸미는 일에 참여했다. 깨진 그릇 조각을 이용한 모자이크는 아주 인기 있는 작업이었다. 1917년 벨과 그랜트, 바버라 바게날Barbara Bagenal이 담이 둘러진 정원의 남서쪽 모퉁이에 있는 정자 아랫부분을 모자이크로 장식한 것이 첫 작업이었다. 한참 후인 1946년에서 1947년 사이에 쿠엔틴 벨이 맞은편 모퉁이에 조금 더 큰 규모의 피아차Piazza를 작업했다.

찰스턴의 내부는 여러 측면에서 벨과 그랜트가 작업한 가장 큰 규모의 디자인 프로젝트라 할 수 있다. 각각의 방과 공간은 공동 작업으로 완성되었고 여러 화가들이 모여 설계와 구성을 진행했다. 찰스턴하우스는 세계 곳곳에서 모인 화가들이 함께 작업한 가장 완성도 높은 공동 인테리어 디자인 작품이 되었다.

정원을 가장 아름다운 빛 속에 그려낸 작품은 덩컨 그랜트의 〈봄의 정원길Garden Path in Spring〉(1944년)이다. 여닫이문을 지나 나서면 아이리스와 패랭이꽃pink이 줄지어 피어 있고, 만개한 과일나무들이 있는 담이 둘러진 정원의 봄을 담고 있다. 이 여닫이문은 벨의 침실에 있었는데 벨은 침실 책상에 앉아 있으면 훈훈한 여름날 저녁의 정원 향기가 공기에 실려 왔다고 묘사하기도 했다. 1939년 버네사 벨의 남편인 예술비평가 클라이브 벨이 찰스턴에 함께 살기 시작했다. 전에도 몇 차례 잠시 머무르긴 했지만 이번에는 아예 정착하는 셈이었다. 클라이브 벨은 위층의 연결된 방 세 개를 썼고 버네사 벨은 통유리 문을 설치한 아래층 방을 썼다.

클라이브가 서둘러 찰스턴에 돌아오게 된 것은 1937년 클라이브와 버네사의 아들 줄리언이 스페인 내전에 참전한 지 6주 만에 전사했기 때문이었다. 4년 후 여동생 버지니아 울프의 자살까지 겪으며 이 시기 버네사 벨은 마음을 의지할 곳이 필요했다.

버네사 벨은 1961년 81세의 나이로 숨을 거두기 전까지 찰스턴에서 그랜트와 클라이브와 함께 살아갔다. 벨은 계단을 오르내리기 힘들어진 클라이브와 같이 지내던 정원이 바라보이는 침실에서 눈을 감았다.

• 덩컨 그랜트가 마을 예술학교에서 가져와 정원 담 위에 올려둔 고대 석고 두상과 흉상

찰스턴의 모습 되찾기

1978년 덩컨 그랜트가 사망하면서 60년 넘게 찰스턴하우스에서 꽃피운 블룸즈버리그룹의 변화무쌍한 시대는 끝이 나고 말았다. 게이지 경은 여러 차례 논의 끝에 찰스턴재단Charleston Trust에 집과 정원을 넘겼고 8년 동안 복원이 진행되었다. 유능한 예술가로 자립한 안젤리카 벨이 조색을 도왔고 쿠엔틴 벨은 자신의 공방에서 원래 있던 타일과 같은 모양의 타일을 구웠다. 집 안의 모습을 정확하게 기억하고 있는 쿠엔틴의 아내 앤 올리비에 벨Anne Olivier Bell도 복원 과정에 도움을 주었다. 재단이 인수했을 당시 정원에는 잡초가 가득하여 화단을 모두 뒤덮었고 연못 위로도 골풀이 무성했으며 방치된 조각품들은 관리가 필요했다. 조경사 피터 셰퍼드Peter Shepheard가 돌벽을 재건하고 연못을 정리하는 등 복원 과정을 진행했다. 이전 총괄 정원사였던 마크 디발Mark Divall도 식물을 복원하여 심는 과정에 중요한 역할을 했다.

정원에 찰스턴의 예술가들이 보여주었던 자유로운 보헤미안의 삶과 정신을 담는

찰스턴의 예술가들 연대기

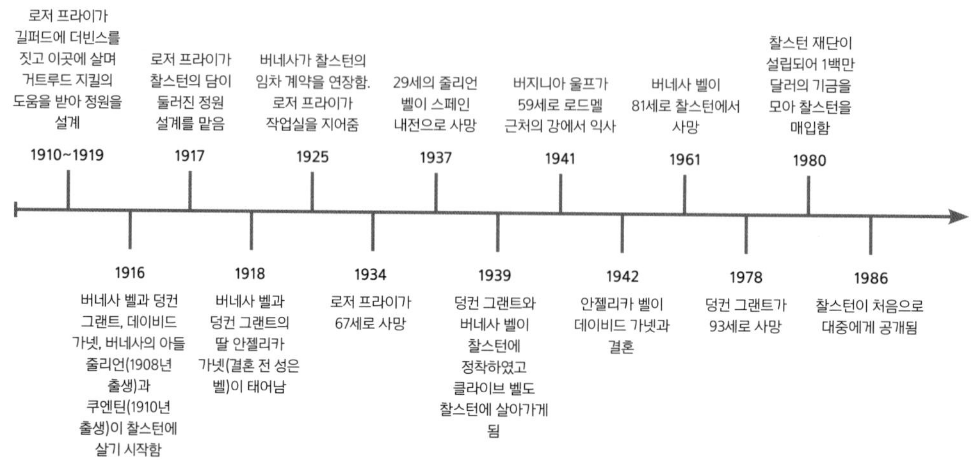

회양목 생울타리가 담이 둘러진 정원의 각 부분을 구분한다. 덩컨 그랜트가 깨진 석재 토르소를 몹헤드 수국의 화분으로 만들어놓았다.

것으로 충분하다고 생각하는 이들도 많았다. 하지만 정원이 아름답고 풍요롭기를 바랐던 이곳의 예술가들, 특히 덩컨 그랜트와 버네사 벨을 마음에 새기며 1930년대에서 1950년대 찰스턴하우스가 가장 찬란했던 시기를 간직한 작품들을 참고하여 정원의 옛 모습을 최대한 복원했다. 회양목 생울타리의 형태는 흐려졌지만, 양쪽 화단에 벨과 그랜트의 그림대로 심은 은색 이파리의 식물들이 향을 가득 내뿜으며 옛 영국 코티지 가든의 매력을 펼쳐 보인다.

방문객을 위한 안내

별도의 표기가 없는 한 이 책에 실린 모든 집과 정원은 공개되어 있어 누구나 관람할 수 있습니다. 관람 관련 정보는 변동될 수 있으니 웹사이트를 통해 최신 정보를 확인하는 것이 좋습니다. 화가들의 집과 작업실, 정원 관람에 필요한 정보와 함께 근처에 있는 관련 미술관과 갤러리 정보도 포함되어 있습니다.

레오나르도 다 빈치(24-41쪽)
Le Château du Clos Lucé, 2 rue du Clos Lucé, 37400 Amboise, Val de Loire, France
www.vinci-closluce.com/en
Leonardo Vineyard, Corso Magenta 65, 20123 Milan, Italy
www.vignadileonardo.com/en

페테르 파울 루벤스(42-55쪽)
Rubenshuis, Wapper 9-11, 2000 Antwerp, Belgium
www.rubenshuis.be/en

폴 세잔(56-73쪽)
Bastide du Jas de Bouffan, 17 route de Galice, 13100 Aix-en-Provence, France
Atelier de Cézanne, 9 Avenue Paul Cézanne, 13090 Aix-en-Provence, France
www.cezanne-en-provence.com

피에르 오귀스트 르누아르(pages 74-95쪽)
Du Côté des Renoir, 9 Place de la Mairie, 10360 Essoyes, France
www.renoir-essoyes.fr
Jardin du Domaine Des Collettes, Musée Renoir, Chemin des Collettes, 06800 Cagnes sur Mer, France
www.cagnes-tourisme.com

막스 리베르만(96-113쪽)
Liebermann-Villa on Lake Wannsee, Colomierstraße 3, 14109c Berlin, Germany
www.liebermann-villa.de/en/

호아킨 소로야(114-129쪽)
Sorolla Museum, C/ General Martínez Campos 37, 28010 Madrid, Spain
www.culturaydeporte.gob.es/msorolla

앙리 르 시다네르(130-145쪽)
Les Jardins Henri Le Sidaner, 7 rue Henri Le Sidaner, 60380 Gerberoy, France
www.lesjardinshenrilesidaner.com

에밀 놀데(146-161쪽)
Stiftung Seebüll Ada und Emil Nolde , Seebüll 31, 25927 Neukirchen, Germany
www.nolde-stiftung.de/en/

프리다 칼로(162-177쪽)
Frida Kahlo Museum, Londres 247, Colonia Del Carmen, Delegación Coyoacán, CP. 04100, Mexico City, Mexico
www.museofridakahlo.org.mx/en/the-blue-house/
The Anahuacalli Museum, 150, Colonia San Pablo Tepetlapa, Delegación Coyoacán, CP. 04620, Mexico City, Mexico
www.museoanahuacalli.org.mx

살바도르 달리(178-195쪽)
Salvador Dalí House, Portlligat E-17488 Cadaqués, Spain
Gala-Dalí Castle, Gala Dalí Square, E-17120 Púbol-la Pera, Spain
Dalí Theatre-Museum, 5 Gala-Salvador Dalí Square, E-17600 Figueres, Catalonia, Spain
www.salvador-dali.org

모네와 친구들(198-221쪽)
Claude Monet Foundation, 84 rue Claude Monet, 27620 Giverny, France
www.fondation-monet.com/en/
Hotel Baudy, 81 rue Claude Monet, 27620 Giverny, France
www.restaurantbaudy.com
Monet"s House at Vétheuil (Private Home - Bed & Breakfast) 16 Avenue Claude Monet, 95510 Vétheuil, France
Caillebotte House, 8 rue de Concy, 91330 Yerres, France
www.proprietecaillebotte.com

스카겐의 화가들(222-239쪽)
Skagen Museums, Brøndumsvej 4, DK-9990 Skagen, Denmark
www.skagenskunstmuseer.dk/en/
Brøndums Hotel, Anchersvej 3, DK-9990 Skagen
broendums-hotel.dk

커쿠브리의 예술가들(240-257쪽)
Broughton House & Garden, 12 High Street, Kirkcudbright,
Dumfries & Galloway, DG6 4JX, Scotland, UK
www.nts.org.uk/visit/places/broughton-house

윌리엄 모리스와 켈름스콧(258-277)
Kelmscott Manor, Kelmscott, Lechlade, Oxfordshire, GL7 3HJ, England, UK
www.sal.org.uk/kelmscott-manor/
William Morris Gallery, Lloyd Park, Forest Road, Walthamstow, London, E17 4PP, England, UK
www.wmgallery.org.uk

뉴잉글랜드 인상파(278-295쪽)
Florence Griswold Museum, 96 Lyme Street, Old Lyme, CT 06371, USA
www.florencegriswoldmuseum.org/
Weir Farm Park, 735 Nod Hill Road, Wilton, CT 06897, USA
www.nps.gov/wefa/index.htm
Cornish Colony, Cornish, NH 03745, USA
www.cornishnh.net
Boat Tours to Celia Thaxter"s Garden, Appledore and the other
Shoals Islands are run by the Shoals Marine Laboratory
(UNH/Cornell University)
www.shoalsmarinelaboratory.org/event/celia-thaxters-garden-tours

독일 표현파(296-313쪽)
Münter House, Kottmüllerallee 6, 82418 Murnau, Germany
www.muenter-stiftung.de/en/the-munter-house/
The Gabriele Münter and Johannes Eichner Foundation,
Städtische Galerie im Lenbachhaus, Luisenstraße 33, 80333 Munich, Germany
www.lenbachhaus.de

Franz Marc Museum, Franz Marc Park 8-10,
82431 Kochel am See, Germany
www.franz-marc-museum.de

찰스턴의 예술가들(314-331쪽)
Charleston, Firle, Lewes, East Sussex, BN8 6LL,
England, UK
www.charleston.org.uk

참고 문헌

Bailey, Martin, *Starry Night: Van Gogh at the Asylum*, White Lion Publishing, 2018

Barbezat, Suzanne, *Frida Kahlo at Home*, Frances Lincoln, 2016

Becker, Astrid et al, *Emil Nolde Colour is Life*, National Galleries of Scotland, 2018

Bell, Quentin & Nicholson, Virginia, *Charleston: A Bloomsbury House and Garden*, Frances Lincoln, 1997 (2004 edition)

Dalí, Salvador, *Diary of a Genius 1952-1963*, Éditions de la Table Ronde, 1964 Transl: Richard Howard (Deicide Press edition2017)

Danchev, Alex, *Cézanne: A Life*, Profile Books, 2012 (2013 edition)

Ebbesen, Lisette Vind, Jensen, Mette Bøh, & Johansen, Annette, *The Skagen Painters*, Skagens Museums, 2009

Farinaux-Le Sidaner, Yann, *Henri Le Sidaner Paysage Intimes*, Éditions Monelle Hayot, 2013

Farinaux-Le Sidaner, Yann, *Le Sidaner L''Oeuvre Peint et Gravé*, Éditions André Sauret, 1989

Goetz, Adrien, *Monet at Giverny*, Fondation Claude Monet-Giverny, 2015

Jansen, Isabelle (ed.), *Gabriele Münter 1877-1962 Painting to the Point*, Prestel, 2018 (English Edition Lenbachhaus, Munich)

Lambirth, Andrew, *Cedric Morris: Artist Plantsman*, Garden Museum, 2018

Mason, Anna et al, *May Morris Arts & Crafts Designer*, Thames & Hudson / V&A/ William Morris Gallery, London, 2017

Mondéjar, Publio López, *Sorolla in his Eden*, Fundación Museo Sorolla, Madrid, 2018

Morris, William, *News from Nowhere*, 1890 (Oxford World Classics 2009 edition)

Parry-Wingfield, Catherine, *J.M.W Turner, R.A. The Artist and his House at Twickenham*, Turner's House Trust, 2012

Patin, Sylvie, *Monet's Private Picture Gallery at Giverny*, Gourcuff Gradenigo / Fondation Claude Monet-Giverny, 2016

Renoir, Jean, Renoir, *My Father*, New York Review Books, 1962(2001 Edition)

Reuther, Manfred (ed.), *Emil Nolde: Mein Garten Voller Blumen*, Nolde Stiftung, Seebüll, 2014. English Translation: *My Garden Full of Flowers* by Michael Wolfson

Royal Academy of Arts London, *Painting the Modern Garden: Monet to Matisse*, 2015

Stoppani, Leonard et al, *William Morris and Kelmscott*, The Design Council, 1981

국내 출간 도서

마틴 베일리 저, 박찬원 역, 《반 고흐, 별이 빛나는 밤》, 아트북스, 2020

Morris, William, *News from Nowhere*, 1890 (Oxford World Classics 2009 edition)
《유토피아에서 온 소식》 전자책으로 출간

색인

ㄹ

ㅁ

ㅂ

ㅇ

ㅈ

ㅊ

ㅋ

ㅌ

ㅍ

ㅎ

감사의 말

이 프로젝트에 조언과 도움을 아끼지 않은 모든 미술관 큐레이터와 정원사, 관계자분들께 감사드리며 아래 분들에게는 특별히 큰 감사의 말을 전합니다.

Château du Clos Lucé – Parc Leonardo da Vinci
François Saint Bris, Irina Metzl, David Nabon and Carol Geoffroy

Rubenshuis, Antwerp
Dr. Ben van Beneden

Aix-en-Provence
Joëlle Benazech and Dominique Cornillet, Nick and Judi Carter

Cagnes-sur-mer
Christelle de Caires (Office de Tourisme de Cagnes-sur-Mer)
Jean-Marc Nicolaï and M. Pinkowitz (Musée du Renoir)

Du Côté des Renoir, Essoyes
Coralie Delauné, Phillipe Talbot, Françoise Tellier and
Nicolas George Landscapes

Liebermann-Villa am Wannsee
Dr Martin Faass and Sandra Köhler

Museo Sorolla
Consuelo Luca de Tena

Association Henri Le Sidaner en son Jardin de Gerberoy
Dominique Le Sidaner and Tom Dabek

Stiftung Seebüll Ada und Emil Nolde
Dr. Astrid Becker

Museos Frida Kahlo y Diego Rivera Anahuacalli
Ximena Jordán

Fundació Gala-Salvador Dalí
Jordi Artigas i Cadena

Fondation Claude Monet, Giverny
Ombelline Lemaitre, Jan Huntley and Jean-Marie Avisard
Claire Gardie (Maison Claude Monet à Vétheuil)

Skagens Kunstmuseer
Niels H. Bünemann

National Trust for Scotland, Broughton House
Carol Ryall and Mike Jack

Kelmscott Manor (Society of Antiquaries)
Gavin Williams and Celia James

Florence Griswold Museum
Tammi Flynn and Amy Kurtz Lansing

Shoals Marine Laboratory
Samantha Claussen

Weir Farm National Historic Site
Kristin Lessard

Gabriele Münter-und Johannes Eichner-Stiftung
Dr Isabelle Jansen and Dr Marta Koscielniak

Charleston
Dr Darren Clarke, Fiona Dennis, Fiona Grindley and Chloe Westwood

사진 출처

표기 t = 위; b = 아래; l = 왼쪽; r = 오른쪽; m = 중간; 이미지 모음은 상단 왼쪽부터 1, 시계방향

모음 3; **akg images**: 108 t and: Erich Lessing 48; **Alamy** and The Picture Art Collection 18, 72, 136 tr, 271 b; History and Art Collection 24; Ian Dagnall 44; Peter Barritt 57,185; Hemis 60 t, 71 이미지 모음 4, 91 이미지 모음 2 and 4; Classic Image 67; Historic Images 72; Heritage Image Partnership Ltd 74, 79, 202 t, 202 b, 307 t; Hervé Lenain 71 이미지 모음 1; Peter Horree 97, 131,139 b, 151, 310 t; Bildarchiv Monheim mbH 104; Jonathan Yadin 106 이미지 모음 2 and 6; Luise Berg-Ehlers 106 이미지 모음 3; StockFood GmbH 106 이미지 모음 5; History and Art Collection 110 t, 110 b, 132, 140 b, 259; blickwinkel 112 –113, 147; Galleria Internazionale d'Arte derna di Ca' Pesaro, Venice/Azoor hoto 115; Les. Ladbury 124 이미지 모음 6; Maria Heyens 157 이미지 모음 3 and 4; Kuttig - Travel 159; Nickolas Muray Photo Archives/Lucas Vallecillos 162; Photononstop 183; amc 188; Jerónimo Alba 195 b; Artepics 198; Archivart 204 t; Chronicle 207, 256; The History Collection 232 b; Jim Allan 241, 250, 254; Eye Ubiquitous 244 b; GL Archive 260; age fotostock 266 l, 266 r; Painters 267 tl; Neil McAllister 276, 277; Stan Tess 284 b; Heritage Image Partnership Ltd 296, 308; Aclosund Historic 300; dpa picture alliance archive 303; Granger Historical Picture Archive 314; foto-zone 319 t; © **Archives du Musée Renoir Ville de Cagnes-sur-Mer**: 74; © **Arts Council Collection, Southbank Centre**: 321; **Arts Museum of Nantes**: 136 br; © **Association Henri Le Sidaner en son jardin de Gerberoy** 130, 136 bl, 138 r, 139 t, 140 t, 141 이미지 모음 1, 2, 4 and 7, 142; **Bridgeman Images** and: Royal Collection Trust © Her Majesty Queen Elizabeth II, 2019 38 t, 38 b; Private Collection 82, 257; Museum of Fine Arts, Houston, Texas, USA/Bequest of Margaret Eugenia Biehl 138 t; Private Collection/ Photo © Christie's Images 186, 297; Harry Ransom Center, University of Texas at Austin, Austin, USA 171; Walker Art Gallery, National Museums Liverpool 248 t; Delaware Art Museum, Wilmington/ Samuel and Mary R. Bancroft Memorial 267 bl; Private Collection/Photo © The Bloomsbury Workshop, London 319 b; © **Château du Clos Lucé**: 13, 35 이미지 모음 6, and: Léonard de Serres 32 t, 32 b, 34, 35 이미지 모음 1, 2, 4 and 5, 27; © **The Charleston Trust**: 315, 320, 326 t; © **Fundació Gala-Salvador Dalí**: 190; © Florence Griswold Museum: 8, 17, 278, 283 t, 283 b, 286 and: Gift of Mrs. Elizabeth Chadwick O'Connell 288; **Getty Images** and: Prisma Bildagentur/Universal Images Group 4–5; Buyenlarge 6; Fine Art Images/Heritage Images 69 t, 126, 199, 215; Alain BENAINOUS/Gamma-Rapho 71 이미지 모음 6; Pictures Inc./Pictures Inc./The LIFE Picture Collection 89; Hulton Archive 95; ullstein bild/ullstein bild 98; stockcam 169; Graphic House 175; Jerry Cooke/Corbis 178; © Historical Picture Archive/ CORBIS/Corbis 258; Jeff Overs/BBC News & Current Affairs 327; © **Jackie Bennett**: 275 이미지 모음 2, 3 and 4; © **Liebermann Villa** and: © Max Liebermann Society 99 l, 99 r, 71 이미지 모음 1 and 4, 108 b; SMB - Nationalgalerie, Foto: Julia Jungfer 100; **Library of Congress** 292 t; **Metropolitan Museum of Art, New York**: 22– 23 & 65t, 47 t, 47 b, 63 t, 64 b, 204 b, 213, 268 background, 174 t, 174 b, 292 t, 295 b; © **Mimi Connolly**: 315, 324 b, 326 b, 329, 331; © **Museo Sorolla**: 120, 121 l; © **National Trust for Scotland, Broughton House & Garden** 240, 242, 248 b, 252; © **Peter E. Randall**: 292 b; © **Richard Hanson**: 71 이미지 모음 4, 57 이미지 모음 5, 141 이미지 모음 5, 312; © **Rubenshuis**: 49, 52, 55 and: © Ans Brys 50 t, 50 b, 54; © **The Society of Antiquaries of London (Kelmscott Manor)**: 272; **Shutterstock.com** and: 12, 45 93, 205, 217; 29 t, 19 b; 86, 91 이미지 모음 1; 87, 91 이미지 모음 3 and 5, 208 이미지 모음 1 and 5; 124 이미지 모음 7; 124 이미지 모음 1; 124 이미지 모음 4; 124 이미지 모음 6; 159, 155, 157 이미지 모음 1, 6 and 7; 163, 173 이미지 모음 3 and 5, 113 이미지 모음 4, 177; 179, 180; 186; 195 t; 200; 208 이미지 모음 6; 208 이미지 모음 2; 208 이미지 모음 4, 221; 208 이미지 모음 3; 289 t; 301; **Skagens Kunstmuseer**: 222, 231 b, 232 t, 236 t, 239 b; **SuperStock** and: 3LH 145; Christie's Images Ltd. 234, 313; 4X5 Collection 295 t; A. Burkatovski/Fine Art Images 302 t; © **Gérard Personeni**: 85 이미지 모음 2, 3 and 6; © **Archivo Diego Rivera y Frida Kahlo, Banco de México, Fiduciario en el Fideicomiso relativo a los Museos Diego Rivera y Frida Kahlo**: 164, 170; © **Nolde Stiftung Seebüll**: 140, 148; © **Weir Farm National Historic Site**: 290 b; via **public domain/ creative commons** sources and credited to the relevant collection/contributor: Van Gogh Museum, Amsterdam 1; National Gallery of Art, Washington, D.C. 9; Neue Pinakothek, Munich/Yelkrokoyade 13; Formerly in the Kaiser-Friedrich-Museum, Magdeburg 14; Getty Center, LA 15, 117; Louvre Museum, Paris 30; Royal Library of Turin 26; Als33120 35 이미지 모음 7; Andrey Korzun 35 이미지 모음 3; Uffizi Gallery, Florence 36; Petit Palais, Paris 39; Museo del Prado, Madrid 53; Private collection 56, 226 b, 239 t, 271 t; Foundation E.G. Bührle, Zürich 58; Private Collection, Courtesy of Wildenstein & Co., New York 41 b; Barnes Foundation, Philadelphia 62; Museum Folkwang 65 b; The Morgan Library & Museum, New York 70; Bjs 71 이미지 모음 1, 2 and 5; Musée d'Orsay, Paris 78; Fogg Art Museum, Harvard University/Daderot 76; Neue Pinakothek, Munich/Yelkrokoyade 96; Museo Sorolla/Trzęsacz 114; Museo del Prado, Madrid/Alonso de Mendoza 116; Carmen Thyssen Museum, Malaga 121 r; Adam Jones, Ph.D. 124 이미지 모음 3; Carlos Ramón Bonilla 124 이미지 모음 2; Luis García 124 이미지 모음 5; Millars 124 이미지 모음 8; Museo Sorolla/DcoetzeeBot 127; Cronimus 141 이미지 모음 3; Dirk Ingo Franke 157 이미지 모음 5; Jens Cederskjold 157 이미지 모음 2; Magnus Manske 160; Rod Waddington 173 이미지 모음 1 and 2; Alberto-g-rovi 191; Skagens Kunstmuseer 196–197 & 226t, 223, 227, 224 l, 230 r, 237 b, 238; Los Angeles County Museum of Art 219; Loeb Danish Art Collection 231 t; Gothenburg Museum of Art 233; Walker Art Gallery, Liverpool 243; Scottish National Gallery 244 t; Yale Center for British Art, New Haven 246, 323; PKM 263 t, 264, 273; Birmingham Museum and Art Gallery 267 tr; Jean-Pierre Dalbéra 268 m; Daderot 275 이미지 모음 1, 5 and 6; National Academy of Design, New York 280; The Phillips Collection,Washington, D.C. 288; Smithsonian American Art Museum 291 b; Addison Gallery of American Art 295 b; Allie_Caulfield 301 br; Oktobersonne 301 bl; Lenbachhaus 298 b, 304; Museum of Fine Arts, Boston 310 b.

옮긴이 **김다은**

한국어를 좋아한다. 드라마와 책을 보고 말과 글을 옮기며 괴로워하고 행복해한다. 고려대학교에서 영어영문학과 국어국문학을 공부하고 글밥아카데미에서 번역을 배웠다. 바른번역 소속 번역가로 활동하고 있으며 역서로는 《그리고 싶은 50가지 수채화》, 《그리기 쉬운 50가지 아크릴화》, 《우리는 여성, 건축가입니다》, 《여행자를 위한 지식사전》, 《두 도시 이야기》(공역), 《아르네 앤 카를로스 시리즈》(공역) 등이 있다.

화가들의 정원

명화를 탄생시킨 비밀의 공간

1판 1쇄 발행 2020년 7월 30일
1판 6쇄 발행 2021년 12월 16일

지은이 재키 베넷
옮긴이 김다은
펴낸이 김성구

주간 이동은
콘텐츠본부 고혁 송은하 김유진 김초록 김지용
디자인 이영민
마케팅본부 송영우 어찬 윤다영
관리 박현주

펴낸곳 (주)샘터사
등록 2001년 10월 15일 제1-2923호
주소 서울시 종로구 창경궁로35길 26 2층 (03076)
전화 02-763-8965(콘텐츠본부) 02-763-8966(마케팅본부)
팩스 02-3672-1873 | 이메일 book@isamtoh.com | 홈페이지 www.isamtoh.com

ISBN 978-89-464-2167-7 03480